Ein Beitrag
zur Kenntnis des Stoffwechsels
panaschierter Pflanzen

Inaugural-Dissertation

zur Erlangung der Doktorwürde
der Hohen Philosophischen Fakultät
der Universität Leipzig

vorgelegt von

Walter Schumacher

aus Pforzheim

Mit 3 Textabbildungen

Springer-Verlag Berlin Heidelberg GmbH
1928

Angenommen von der mathematisch-naturwissenschaftlichen Abteilung der
Philosophischen Fakultät auf Grund der Gutachten der Herren

R u h l a n d und P a a l

Leipzig, den 2. November 1927.

Z a d e

d. Z. Dekan
der mathematisch-naturwissenschaftlichen Abteilung
der Philosophischen Fakultät

ISBN 978-3-662-40922-0   ISBN 978-3-662-41406-4 (eBook)
DOI 10.1007/978-3-662-41406-4

A. Einleitung.

Die eigenartige und noch immer rätselhafte Erscheinung der Panaschüre ist in den letzten Jahren wiederholt Gegenstand eingehender Untersuchungen gewesen. Neben den zahlreichen morphologischen und anatomischen Studien, für die nur auf KÜSTERS „Pathologische Pflanzenanatomie" (36) sowie das Sonderheft desselben Autors in LINSBAUERS Handbuch der Pflanzenanatomie (38) verwiesen zu werden braucht, hat sich insbesondere die Vererbungsforschung immer wieder mit bunten Pflanzen beschäftigt, seitdem bekannt wurde, daß die Erbeinheit der Blattfarbstoffbildung nicht in allen Fällen den MENDELschen Gesetzen folgte. Eine Fülle von interessanten Beobachtungen ließ eine erstaunliche Mannigfaltigkeit der Vererbungsmöglichkeiten dieses Merkmals erkennen und führte zur Aufstellung einer ganzen Reihe von erblich scharf voneinander abgegrenzten Typen. So kennen wir, um nur nach BAUR (7) einiges herauszugreifen, eine nicht erbliche, aber infektiöse Buntblättrigkeit, eine erbliche und mendelnde mit ihren Unterteilungen der weißblättrigen, gelbblättrigen, *chlorina-*, *albomarginata-* und *variegata*-Sippen, und endlich Fälle einer nicht mendelnden Buntblättrigkeit, unter denen neben Formen, die die Panaschüre nur durch die Mutter vererben, namentlich eine Art bis in die neueste Zeit Interesse erregt hat, bei der die Buntblättrigkeit zwar durch beide Eltern übertragen werden kann, die MENDELschen Gesetze jedoch keine Erklärung für die Verteilung der bunten Gebiete zu bieten vermögen. Den Hypothesen über verschiedene selbständige Plastidensorten als Träger der Erbeinheit, Übertritt von Plastiden mit dem generativen Kern in die Eizelle, Entmischung der Plastidensorten auf vegetativem Wege und Entwicklung zu Periklinalchimären stehen namentlich die von NOACK (49—51) vertretenen Ansichten einer Stoffwechselstörung in den Beziehungen zwischen Kern und Plasma gegenüber, ohne daß eine endgültige Klärung bis jetzt möglich gewesen wäre.

Neben dieser intensiven Forschungsarbeit trat nun bislang das Studium der Physiologie der Panaschüre weit in den Hintergrund. So interessant all die besprochenen Erscheinungen, namentlich die Erörterungen über eine Lokalisation des Erbfaktors, auch sind, so wenig vermögen sie dem Physiologen zu sagen. Für ihn tritt aus allen Kombinationen nur immer wieder die eine Erscheinung zutage, daß in gewissen Zellen die Plastiden abnorm sind und aus irgendeinem völlig unbekannten Grund ihre normalen Farbstoffe nicht zu entwickeln vermögen. Es mußte aber von hohem Interesse sein, den Stoffwechsel solcher Zellen einmal näher kennen zu lernen, nicht allein in rein kausaler Beziehung zu dem Grundproblem der Panaschüre selbst, sondern auch in Hinblick auf manche andere Teilfragen der allgemeinen Physiologie.

Seit den ausgedehnten Untersuchungen PANTANELLIS (59), von denen später noch öfters die Rede sein wird, ist aber darüber nur wenig bekannt geworden. PANTANELLI charakterisierte damals die Albicatio als eine „konstitutionelle Krankheit, deren erste Zeichen als abnorme Anhäufung von abbauenden, vor allem oxydierenden Fermenten auftreten“, eine Auffassung, der sich auch SORAUER in seinem „Handbuch der Pflanzenkrankheiten“ anschloß. Vor allem fand PANTANELLI eine beträchtliche Zunahme des Turgordruckes in den weißen Zellen, der von Störungen im allgemeinen osmotischen Verhalten, wie hohe Empfindlichkeit, rasches Erstarren und beschränkte Aufnahmefähigkeit der Protoplasten für gelöste Stoffe, begleitet war. Der hohe Gehalt an oxydierenden Fermenten, auf den schon WOODS (90) aufmerksam gemacht hatte, sollte bis zur Selbstverdauung des Plasmas und der Plastiden führen.

Neben diesem ausgeprägten Krankheitsbilde stehen aber doch auch eine ganze Reihe von Beobachtungen, die es zweifelhaft erscheinen lassen, daß eine so tiefgreifende Erkrankung vorliegen sollte. Vor allem stößt man damit bei dem praktischen Gärtner auf großen Unglauben. Man kann sich in der Tat auch schwer dazu entschließen, an eine akute Krankheit zu glauben, wenn man sieht, wie mitunter große Äste wohlausgebildetes schneeweißes Laub tragen, das äußerlich in nichts normal ausgebildetem grünem nachsteht und sich durch die ganze Vegetationsperiode voll zu behaupten weiß. Daß eine abnorme Bildung und insofern eine Art Krankheit vorliegt, ist ja ganz klar. Bekannt ist auch die manchmal große Empfindlichkeit weißer Teile gegen äußere Einflüsse, die jedoch durchaus nicht immer zu einer Wachstumshemmung und -sistierung zu führen braucht. Auch die zuerst von SAPOSCHNIKOFF (64) festgestellte, von ZIMMERMANN (12) und WINKLER (89) bestätigte Tatsache, daß albine „Chloroplasten“ bei Zuckerzufuhr sehr wohl Stärke zu bilden vermögen, obwohl sie normal nie solche enthalten, zeigt, daß die Veränderungen doch nicht allzu tiefgreifend sein können. Hierher gehört weiter der Befund Kümmlers (34), der zeigen konnte, daß auch die Spaltöffnungen weißer Blatt-Teile, die gewöhnlich viel enger geschlossen sind als die der grünen Gebiete, unter gewissen Bedingungen (Licht, Feuchtigkeit) durchaus zu einer maximalen Öffnung befähigt sind. Ganz allgemein scheinen die weißen Zellen wesentlich ärmer an organischen Substanzen zu sein, ihr Trockengewicht ist geringer, was bei der fehlenden Assimilation nicht wunder zu nehmen braucht. Aschenanalysen von Church (16) und später von Colin und Grandsire (17) ergaben jedoch einen erhöhten Gesamtaschengehalt, speziell ein Überwiegen von K und P, dagegen weniger Ca im Vergleich zu grünen Blättern, während die vorhandenen Angaben über N schwanken und beträchtlich auseinandergehen.

Unter diesen Umständen mußte es reizvoll erscheinen, das ganze Problem mit den modernen biochemischen Methoden noch einmal aufzugreifen. Die vorliegende Arbeit verfolgt das Ziel, den Stoffwechsel weißer und grüner Blatt-Teile vergleichend zu untersuchen, insbesondere etwa bestehende Stoffwechselunterschiede quantitativ festzulegen und nach Möglichkeit in ihrer Beziehung zu den Ursachen der Panaschüre aufzuklären. Die Untersuchungen erstrecken sich auf die quantitativen Verhältnisse des N-Umsatzes, der Kohlehydrate, der Atmung und einiger Fermente, schließlich auf Fragen einer experimentellen Beeinflussung der Chlorophyllbildung. Die Einteilung der Arbeit ergibt sich daraus von selbst. Die vorhandene Literatur, die im vorstehenden nur ganz flüchtig gestreift wurde, wird, soweit sie in Betracht kommt, bei den einzelnen Kapiteln ihre Besprechung finden.

B. Experimenteller Teil.

I. Der N-Stoffwechsel.

Der Eiweißgehalt in seiner Beziehung zum Grundproblem der Panaschüre.

Eine vergleichende Untersuchung des N-Stoffwechsels durfte besonderes Interesse beanspruchen, da sie die Möglichkeit bot, Rückschlüsse auf die Zusammensetzung und die Fähigkeiten des albinen Protoplasmas zu ziehen. Außerdem aber ließ sich erwarten, daß von hier aus Streiflichter auf ein anderes Gebiet der Physiologie fallen würden, das sich mit der Rolle der Chloroplasten bei der Eiweißsynthese beschäftigte. Lakon (39) berichtete 1916, daß an panaschierten Blättern, die er mittels der makroskopischen und rein qualitativen Eiweißreaktionen von Molisch prüfte, die weißen Blatt-Teile wesentlich schwächer, ja in den ganz weißen Gebieten von *Acer Negundo* kaum mehr wahrnehmbar reagierten, während die grünen Teile sehr starke Reaktionen ergaben. Er zog daraus mit Molisch den Schluß, daß die Hauptmasse

11*

des Blatteiweißes in den Chloroplasten lokalisiert sein müsse, ein Ergebnis, das auch mit den späteren Untersuchungen von ULLRICH (78) durchaus im Einklang steht.

Die Feststellung des verminderten Eiweißgehaltes weißer Blätter bot an und für sich nichts Neues; es finden sich in der älteren Literatur wiederholt sogar quantitative Angaben, die dieses Verhältnis schon herauslesen ließen. Allerdings schwanken diese Angaben beträchtlich. PANTANELLI, der sich, wie schon erwähnt, eingehend mit dem Studium der Panaschüre befaßte (1902—1905; 59, 60), gibt z. B. für *Ulmus campestris* an, daß der auf Trockengewicht bezogene N-Gehalt grüner Blätter 3,35% beträgt gegenüber 2,68% für panaschierte Blätter, wobei sich die Eiweißzahlen wie 3,32 : 2,27% verhalten. Daraus geht auch, wie PANTANELLI schon selbst betont, hervor, daß der Gehalt an nicht eiweißartigen Stickstoffverbindungen in den weißen Organen größer sein muß. Diese letzteren Angaben decken sich mit Ergebnissen von MOLLIARD (1911, 1913; 46), der an einer Reihe von Objekten, und zwar für weiße und grüne Teile gesondert, einen wesentlich größeren Gehalt an löslichen N-Verbindungen in den weißen Gebieten feststellte, den er ohne weiteres als Ursache der Chlorophyllzerstörung ansah. Im übrigen gibt er im Gegensatz zu PANTANELLI für die weißen Organe einen höheren Wert des Total-N an, ja, für zwei seiner Objekte (*Acer pseudoplatanus* und *Evonymus japon.*) lassen sich aus seinen Angaben unter Bezugnahme auf das Trockengewicht auch erhöhte Eiweißzahlen für Weiß errechnen. Niedrigere Eiweißwerte dagegen finden auch LAURENT, MARCHAL und CARPIAUX (40) in einer Arbeit, die sich zwar nicht ausdrücklich mit der Panaschierung beschäftigt, die jedoch hier wenigstens erwähnt sei, da auf sie in einem anderen Zusammenhang noch einmal zurückzukommen sein wird.

Da all diese Angaben unter sich immerhin beträchtliche Schwankungen zeigen und überdies nur auf Trockengewicht bezogen sind, mußte es zunächst notwendig erscheinen, durch Untersuchung einer größeren Anzahl möglichst verschiedenartig panaschierter Pflanzen ein eigenes Urteil über die tatsächlichen Verhältnisse zu gewinnen und die einzelnen N-Fraktionen getrennt quantitativ festzulegen.

Die folgenden Untersuchungen wurden sämtlich mit der im Leipziger Institut üblichen Mikromethodik ausgeführt, in der Weise, daß die grünen und weißen Teile eines Blattes mit der Schere peinlich getrennt wurden, was bei der oft feinen Zeichnung ein etwas mühsames Arbeiten bedingt, für eine klare Scheidung der Verhältnisse jedoch nicht zu umgehen ist. Die Angaben der älteren Literatur beziehen sich nämlich zum Teil nur auf einen Vergleich grüner und panaschierter, also ganzer Blätter, so daß Fehler durch individuelle Blattunterschiede, Alter, Stellung, verschiedene Verteilung der weißen Gebiete usw. unvermeidlich waren. Alle angeführten Werte sind auf Frischgewicht bezogen, das auch in unserem Falle die mit dem kleinsten Fehler behaftete Bezugskonstante darstellen dürfte. Eine Bezugnahme auf die Flächeneinheit schaltet aus, da die weißen und grünen Flächenteile vielfach verschiedene Dicke aufweisen. Um gegebenenfalls eine ungefähre Umrechnung auf Trockengewicht zu ermöglichen, mag für einige der häufiger benutzten Objekte eine Angabe des durchschnittlichen Trockengewichtes vorangestellt werden:

Tabelle 1.

| | Trockengewicht in % des Frischgewichtes | | | |
	Acer Negundo	*Cornus alba*	*Brassica olerac.*	*Pelargon. zonale*
Weiß	19,8	21,3	12,9	7,5
Grün	26,1	26,1	16,5	9,8

Um ferner sicher zu gehen, daß nicht etwa auch normalerweise am grünen Blatt eine Differenz zwischen Blattrand und Zentralgewebe sich störend bemerkbar machte, wurden zunächst rein grüne Blätter von *Acer Negundo* nach den normal angenommenen Umrissen eines marginat panaschierten Blattes getrennt und einer orientierenden Analyse unterworfen:

Tabelle 2.

Acer Negundo Rein grüne Blätter	N in % des Total-N					mg N in º/₀₀ des Frischgewichtes
	NH$_3$-N	2-Amid-N	Rest-N	Löslich-N	Eiweiß-N	Total-N
Rand	1,50	2,16	5,37	9,03	90,97	7700
Zentrum	1,53	2,18	6,09	9,80	90,20	6940

Das Ergebnis darf wohl, auch als Kontrolle der erreichten Genauigkeit, als befriedigend bezeichnet werden. Die Differenz im Total- und Rest-N erklärt sich zwanglos aus dem ungleichen Anteil der Vergleichsteile an mitverarbeiteten größeren Blattrippen, die daher für die folgenden Versuche von der Analyse ausgeschlossen wurden.

Tabelle 3 gibt nun einen Überblick über die Verteilung der N-Fraktionen in einigen panaschierten Objekten (vgl. umstehende Tabelle).

Betrachten wir hier zunächst die in der letzten Spalte unter Bezugnahme auf das Frischgewicht aufgeführten Zahlen des Total-N, so zeigt sich, daß in der Mehrzahl der Fälle der Total-N-Gehalt grüner Organe den Gehalt der weißen übertrifft. Ich möchte das als den Normalfall bezeichnen, da er mir bei den zahlreichen späteren Analysen bei weitem am häufigsten entgegentrat.

Es kommt aber doch auch vor — und diese Fälle sind absichtlich mit in der Tabelle aufgeführt —, daß sich diese Verhältnisse umkehren. Namentlich gilt dies für den Vergleich ganz weißer und ganz grüner

Organe. Hier erscheint also der Widerspruch, der zwischen den Angaben der älteren Autoren besteht, aufs neue und läßt zunächst keine andere Erklärung zu, als daß die Verteilung des Total-N auf die weißen

Tabelle 3.

Objekt		N in % des Total-N					mg N in °/₀₀ des Frischgewichtes
		NH₃-N	2-Amid-N	Rest-N	Löslich-N	Eiweiß-N	Total-N
Cornus alba 2. VI. 26	Weißer Rand	2,17	27,82	14,82	44,65	55,35	7757
	Grünes Zentrum	1,65	5,66	3,16	10,47	89,61	8480
Abutilon Sawitzer 11. V. 26	Weißer Rand	2,78	6,10	33,24	42,12	57,90	7250
	Grünes Zentrum	2,11	0,94	20,42	23,47	76,53	9042
Acer Negundo 12. VII. 26	Weißer Rand	3,24	5,89	21,27	30,40	69,60	6968
	Grünes Zentrum	2,59	0,83	9,23	12,65	87,35	7926
Acer Negundo 19. V. 26	Weiße Blätter	2,05	9,60	27,53	39,18	60,82	8642
	Grüne Blätter	0,94	1,00	4,06	6,00	94,00	7550
Sambucus nigra 3. V. 26	Weißer Rand	2,51	10,30	11,22	24,03	75,97	11 102
	Grünes Zentrum	1,89	1,56	8,28	11,73	88,27	9004
Sambucus nigra 3. V. 26	Weiße Blätter	2,71	12,92	16,42	32,05	67,94	9663
	Grüne Blätter	1,46	1,00	8,33	10,80	89,20	9627
Peristrophe salicifolia 31. V. 26	Weißes Zentrum	2,73	12,36	17,58	32,67	67,33	5975
	Grüner Rand	3,71	4,14	13,45	21,30	78,70	8945
Brassica oleracea aceph. 2. XI. 26	Weißes Zentrum	—	—	—	46,50	53,50	5049
	Grüner Rand	—	—	—	23,40	76,60	7120

und grünen Teile einer Pflanze kein sicheres Charakteristikum für die Panaschüre zu sein scheint.

Nun muß aber darauf aufmerksam gemacht werden, daß die Höhe des Total-N-Gehaltes überhaupt keine Konstante darstellt, sondern beträchtlichen Schwankungen unterliegt, und daß gerade normal grüne

Blätter hier große Unterschiede zeigen können. Die Gründe hierfür können sehr mannigfaltiger Art sein, sicher spielt neben individuellen Verschiedenheiten das Blattalter eine große Rolle. Ich habe stets beobachtet, daß es auch hinsichtlich der grünen Zentralteile schwer fällt, ganz einheitliches Material zu gewinnen.

Für einen Vergleich weißer und grüner Gewebeteile kommen jedoch noch ganz andere Punkte in Betracht, auf die erst später erschöpfend eingegangen werden kann. Hier sei nur erwähnt, daß bei der begrenzenden Rolle, die die Kohlehydrate in den albinen Stellen spielen, das Verhältnis von C zu N selbst bei einem etwas geringeren Total-N-Gehalt noch nach der Seite des N verschoben ist, so daß in den weißen Zellen stets Stickstoff im Überschuß vorhanden ist. Dementsprechend muß hier das nicht seltene Vorkommen von Nitraten von Einfluß sein und in gewissen Fällen, z. B. bei *Sambucus nigra*, berücksichtigt werden, da ein Teil des Nitrates bei der Kjeldahlveraschung erfaßt wird. Man wird daher gut tun, auf einen Vergleich der Total-N-Werte zunächst keinen zu großen Wert zu legen.

Die Verhältnisse gestalten sich jedoch sofort eindeutig und klar, sobald man die prozentuale Verteilung der N-Fraktionen in bezug auf diesen Total-N ins Auge faßt. Hier zeigt sich nämlich durchweg, daß das weiße Gewebe im Vergleich zu dem grünen weniger Eiweiß, aber beträchtlich mehr lösliche N-Verbindungen enthält. Es ist klar, daß unbeschadet einer solchen Verteilung der Fall eintreten kann, daß bei größerem Total-N-Gehalt der weißen Gewebe auch die auf Frischgewicht bezogene Eiweißmenge einmal die der grünen übertreffen kann. Ich habe diese Beobachtung einige Male bei meinen Bestimmungen gemacht. Damit erklären sich aber ohne weiteres alle die früheren sich widersprechenden Angaben. Wir können als Regel festhalten, daß das weiße Gewebe stets in Hinblick auf die in ihm vorhandene Total-N-Menge weniger Eiweiß und mehr lösliche N-Verbindungen enthält als das entsprechende grüne, und daß dieser Verteilung meist, wenn auch nicht notwendig immer, die auf das Frischgewicht bezogenen absoluten N-Werte entsprechen.

Von Interesse und für die spätere Aufklärung bedeutsam ist vor allem ein Vergleich der in drei Fraktionen untersuchten löslichen N-Verbindungen aus den weißen und grünen Gebieten. Setzen wir zur besseren Übersicht für einige Objekte der Tabelle 3 die Zahlenwerte der weißen Teile gleich Hundert, so ergibt sich folgendes Bild für die dazugehörigen grünen Gewebe (vgl. umstehende Tabelle 3a).

Wir sehen hier eine ziemlich konstante geringe Differenz in den NH_3-Werten, eine sehr große in den Amiden und eine ebenfalls große, aber in ihrem Ausmaß schwankende Differenz im Rest-N. Am auffallendsten ist der außerordentlhic große Sprung im Gehalt an Amiden: Grüne Blatt-

teile führen iher nur etwa 15% von der im weißen Gewebe vorhandenen
Menge! Auch im Rest-N, also vornehmlich in den Aminosäuren, zeigen
sich zuweilen, namentlich gegen Ende des Sommers, solche großen Unterschiede, meist jedoch bleibt das Ausmaß der prozentualen Differenz
zwischen Weiß und Grün hinter der gewaltigen Verschiebung im Amidgehalt zurück.

Tabelle 3a.

	Grüne Blatt-Teile in proz. Beziehung zu den weißen Randgebieten			
	NH$_3$-N	2-Amid-N	Rest-N	Eiweiß-N
Cornus alba . .	76,1	20,4	21,3	162
Abutilon Sawitzer	75,9	15,4	64,4	132
Acer Negundo .	79,9	14,1	43,4	125,5
Sambucus nigra .	75,3	15,2	73,8	116,2

Es war nun die nächste Frage, wie diese charakteristischen und auffälligen Verschiebungen in den N-Fraktionen der weißen Organe zu
deuten waren. Die vorliegende Literatur erklärt sie, wie schon kurz
erwähnt, als einen Auflösungsprozeß, als eine „Selbstverdauung" des
Protoplasmas. Namentlich PANTANELLI weist auf diese „Verdünnung"
des Plasmas hin und erklärt sie durch Anwesenheit abnormer Mengen
von proteolytischen Fermenten, die Plasma und Plastiden angreifen und
zerstören sollten.

Nun muß aber hier hervorgehoben werden, daß der Nachweis dieser
abbauenden Enzyme nicht besonders eindrucksvoll erscheint. Abgesehen
von anderen Bedenken, von denen schon in der Einleitung einige angedeutet wurden, scheint das Beispiel, das PANTANELLI in seiner Zusammenstellung in der Zeitschrift für Pflanzenkrankheiten (60) gibt, und
das SORAUER (73) in sein Handbuch übernahm, nicht gerade glücklich
gewählt. Wenn nämlich der Eiweißgehalt grüner *Ulmus*-Blätter in
8 Tagen durch Autolyse von 3,32% des Trockengewichtes auf 0,921%
zurückgeht gegenüber 2,27% auf 0,604% bei panaschierten, so bedeutet
das, daß nach 8 Tagen in den grünen Blättern noch 27,7% des ursprünglichen Eiweißes, in den panaschierten aber 26,5% vorhanden war. Betrachtet man gar die Zwischenwerte nach 4 Tagen, so zeigt sich, daß die
Autolyse der grünen Organe wesentlich rascher vor sich ging. Denn
hier ergeben sich 57,7% gegenüber 72% des in den panaschierten Teilen
ursprünglich vorhandenen Eiweißes. Angesichts der unvermeidlichen
Fehlerquellen in solchen Analysen dürften selbst bei dem Endwert Zweifel an dem Vorhandensein besonders großer Mengen von proteolytischen
Fermenten nicht unberechtigt sein.

Aber selbst wenn man davon absieht, so erscheint doch die eigentliche
Frage nach der Ursache der vermehrten löslichen N-Verbindungen mehr

umgangen als gelöst zu sein. Diese Frage darf doch wohl dahin präzisiert werden: *Ist diese N-Differenz primär oder sekundär mit den Ursachen der Panaschüre verknüpft, mit anderen Worten: Ist eine Eiweißzersetzung Ursache des Albinismus, oder ist der Mangel an Eiweiß nicht vielmehr eine Folgeerscheinung, eine Folge der durch den Chlorophyllmangel bedingten Sistierung der C-Assimilation?*

Eine solche Fragestellung ist aber einer experimentellen Bearbeitung zugänglich; namentlich verweist die Differenz im Gehalt der Amide deutlich auf die zweite Möglichkeit. Es ist nach den Ergebnissen von Mothes (48) sicher, daß ein gewisser Kohlehydratmangel auch bei Blättern zunächst vermehrte Bildung von Amiden bedingt, und erst ein direkter Kohlehydrathunger zur Anhäufung von NH_3 in Blättern führt. Ein verminderter Kohlehydratgehalt der weißen Teile durfte aber ohne weiteres wahrscheinlich erscheinen. Smirnow (71) hat diese Verhältnisse quantitativ bei *Acer Negundo* bestätigt; ich selbst habe entsprechende Messungen an einem anderen Objekt vorgenommen, auf die noch später zurückzukommen sein wird. Es mußte daher von großem Interesse sein, zu untersuchen, wie sich die weißen Organe bei einer Zufuhr von Kohlehydraten hinsichtlich ihres N-Stoffwechsels verhalten würden. Wenn nämlich auch hier die verfügbare Menge der Kohlehydrate im Sinne Prjanischnikows nur ein begrenzender Faktor für die Eiweißbildung darstellte, so mußte es gelingen, durch Zuführung von rasch permeïerenden und für eine Eiweißsynthese leicht verwendbaren Kohlehydraten die Differenz im Eiweißgehalt der weißen und grünen Teile weitgehend zu nivellieren.

Um diese Frage zu entscheiden, habe ich eine Reihe von Fütterungsversuchen mit Zucker durchgeführt. Die abgeschnittenen Blätter wurden nach den Angaben von Mothes mit 1%iger H_2O_2-Lösung sorgfältig abgewischt und mit der Oberseite in Glasschalen auf 5%ige sterilisierte Glukoselösungen gebracht, die je nach den Umständen in 1—2tägigem Wechsel erneuert wurden, wobei das Blattmaterial abermals mit H_2O_2 behandelt wurde. Auf diese Weise ließen sich die Blätter leicht 8 Tage ernähren, ohne daß eine Störung durch Pilz- oder Bakterienentwicklung zu befürchten war. Um einen Vergleich zu ermöglichen, wurden stets die Werte von auf Wasser schwimmenden Kontrollproben und meist auch die Anfangswerte bestimmt. Auch wurde Wert auf möglichst gleichartiges Material gelegt, was sich allerdings stets nur mit einer gewissen Einschränkung erreichen läßt. Die Versuche wurden im Dunkeln durchgeführt, die Temperatur schwankte zwischen 16—18°. Das Resultat ist aus Tabelle 4 ersichtlich, die einen Teil der in wiederholt durchgeführten Versuchen ermittelten Analysenwerte enthält.

Es zeigt sich hier übereinstimmend, daß die weißen Blattgebiete bei Zuckerzufuhr Eiweiß synthetisieren auf Kosten ihrer löslichen Stick-

Tabelle 4.

Objekt		N in % des Total-N					Eiweiß-zuwachs auf Glukose
		NH$_3$-N	2-Amid-N	Rest-N	Löslich-N	Eiweiß-N	
Acer Negundo 23. VI.							
6 Tage auf Wasser	Weißer	4,25	10,80	23,17	38,22	61,78	—
6 „ „ Zucker	Rand	2,20	5,36	12,13	19,68	80,32	18,54
6 „ „ Wasser	Grünes	3,60	6,78	12,29	22,67	77,33	—
6 „ ., Zucker	Zentrum	2,32	3,32	9,97	15,60	84,40	7,07
Acer Negundo 29. VII.							
Anfangswert . .	Weißer Rand	4,8	13,4	24,3	42,5	57,5	—
5 Tage auf Wasser		6,8	14,1	25,4	46,3	53,7	—
5 „ „ Zucker		4,6	4,0	24,2	32,7	67,3	13,6
Anfangswert . .	Grünes Zentrum	4,1	4,5	9,7	18,4	81,6	—
5 Tage auf Wasser		3,9	12,2	6,2	22,2	77,8	—
5 „ „ Zucker		5,0	3,1	14,0	22,1	77,9	0,1
Cornus alba 7. VII.							
Anfangswert . .	Weißer Rand	3,12	23,90	12,48	39,50	60,50	—
6 Tage auf Wasser		3,03	24,88	11,80	39,71	60,29	—
6 „ „ Zucker		5,31	17,08	10,89	33,28	66,72	6,43
Anfangswert . .	Grünes Zentrum	2,09	4,92	3.97	10,98	89,02	—
6 Tage auf Wasser		2,51	9,42	1,23	13,16	86,84	—
6 „ „ Zucker		2,89	4,76	5,21	12,86	87,14	0,30

stoffverbindungen, wobei neben den Aminosäuren, wie vermutet, vor
allem die Amide abnehmen. In Anbetracht der verhältnismäßig kurzen
Versuchszeit und der für einen Eiweißaufbau relativ ungünstigen hohen
Temperatur darf diese Synthese sogar als recht energisch bezeichnet
werden.

Damit fallen aber die PANTANELLIschen Ansichten über die Selbstverdauung des Protoplasmas durch abnorme Fermentproduktion vollständig in sich zusammen: *Die Eiweißdifferenzen zwischen den grünen und
weißen Blattgebieten sind keine Zersetzungserscheinung, sondern eine Folge
mangelnder Kohlehydrate, eine notwendige Folge der fehlenden Assimilation, sie sind nicht primär, sondern sekundär mit den Grundfragen der
Panaschüre verknüpft!* Letzteres folgt zunächst noch nicht zwingend
allein aus diesen Versuchen, wird aber im weiteren Verlauf dieser Ab-
handlung noch weiter bestätigt werden (vgl. S. 175ff.).

Von Interesse war hier nun weiter die Frage, ob sich bei diesen
Eiweißsynthesen irgendein Einfluß der grünen Blatt-Teile auf die weißen
oder umgekehrt erkennen lassen würde. Dies ist jedoch nicht der Fall,
der Aufbau erfolgt ganz unabhängig davon, ob die weißen Gebiete mit
den grünen in Zusammenhang belassen werden oder nicht. Tabelle 5
zeigt das Ergebnis eines entsprechenden Versuchs:

Tabelle 5.

Objekt	N in % des Total-N				
Acer Negundo 22. VII.—29. VII. auf Zucker und Wasser. $t = 19^0$	NH₃-N	2-Amid-N	Rest-N	Löslich-N	Eiweiß-N
Anfangswert . . . . (Weißer Rand)	4,8	13,4	24,3	42,5	57,5
Getrennt auf Wasser .	6,8	14,1	25,4	46,3	53,7
Mit Grün „ „ .	5,6	12,8	26,2	44,6	55,4
Getrennt „ Zucker .	6,0	5,9	21,7	33,6	66,4
Mit Grün „ „ .	4,6	4,0	24,2	32,7	67,3
Anfangswert . . . . (Grünes Zentrum)	4,1	4,5	9,7	18,4	81,6
Getrennt auf Wasser .	3,9	12,2	6,2	22,2	77,8
Mit Weiß „ „ .	3,5	8,9	9,2	21,6	78,4
Getrennt „ Zucker .	5,0	3,1	14,0	22,1	77,9
Mit Weiß „ „ .	4,1	4,1	12,1	20,3	79,7

Aus den Tabellen 4 und 5 läßt sich aber ein anderer interessanter Antagonismus erkennen. MOTHES (48) weist darauf hin, daß er bei abgeschnittenen grünen Blättern durch Zuckerfütterung keine Eiweißsynthese auf Kosten der Amide erzielen, sondern meist nur den Eiweißabbau hemmen konnte. Die grünen Blätter enthalten eben im normalen Zustand Kohlehydrate im Überschuß, so daß eine künstliche Zufuhr von Zucker auf ihren Eiweißgehalt keine Wirkung auszuüben vermag. Füttert man dagegen panaschierte Blätter, wie ich das vorstehend tat, so tritt scharf getrennt unmittelbar nebeneinander im weißen Rand unter Abnahme der Amide der Eiweißaufbau ein, während die grünen Gebiete daneben das oben beschriebene Verhalten eines nur mehr oder weniger stark gehemmten Abbaues zeigen.

Die Frage nach einer wechselseitigen Beeinflussung der weißen und grünen Blatt-Teile hat mich längere Zeit auch in anderer Hinsicht beschäftigt, jedoch mit gänzlich negativem Erfolg. Die von der Mosaikkrankheit des Tabaks und von den Studien über die infektiöse Chlorose übernommene Vorstellung eines „Contagium vivum fluidum" (BEIJERINCK [9]) findet sich in einer anderen Form auch bei PANTANELLI, der „zerstörungbringende Stoffe", speziell oxydierende Fermente, durch das Leptom des Stammes in die Blattstiele und Nerven der Blätter gelangen läßt, von wo sie „alle Parenchymzellen, womit sie in Verbindung treten, offenbar mehr energetisch oder durch schlechte Nahrungsversorgung und -ableitung" beeinflussen sollen.

Diese Vorstellungen sind reichlich unklar. Abgesehen davon, daß es z. B. bei einem marginat panaschierten Blatt schwer fällt, sich vorzustellen, wie ein solcher Einfluß durch das grüne und grün bleibende Zentralgewebe hindurch auf den weißen Rand ausgeübt werden sollte, scheint PANTANELLI offenbar die Beziehung zwischen dem Verlauf der

Blattnerven und der Begrenzung der weiß-grünen Felder weit zu überschätzen, worauf schon KÜSTER (36) aufmerksam gemacht hat.

Trotzdem habe ich, um diesen Leitungsfragen noch etwas nachzugehen, verschiedene Versuche unternommen. So ließ ich unter anderem einmal in abgeschnittenen Zweigen des randpanaschierten *Acer Negundo* Farblösungen (am besten Säurefuchsin 1 : 2000) aufsteigen und beobachtete das Eindringen des Farbstoffes in die grünen und weißen Gebiete. Die Verteilung war durchaus gleichmäßig. Ein Durchschneiden der Leitbündel zwischen Weiß und Grün, was sich bis zu den Nerven 3. Ordnung leicht bewerkstelligen läßt, bleibt dabei auf die Wasserversorgung der weißen Randgebiete ohne jeden Einfluß. Ich sah innerhalb einer Stunde eine deutliche Färbung der Spitze eines Blattes eintreten, an dem sowohl der Hauptnerv als auch sämtliche größeren Seitennerven schon im unteren Drittel des Blattes auf mindestens 1 cm lange Strecken unterbrochen waren. So zugerichtete Blätter halten sich auch am Baume, wenn sie nicht vom Wind zerfetzt und abgerissen werden, wochenlang, ohne abzutrocknen, und lassen damit die mechanische Funktion der größeren Rippen auffällig in Erscheinung treten.

Aber nicht nur die Wasserversorgung vermag ohne weiteres eine Unterbrechung ihres normalen Weges zu überwinden, auch die organischen Nährstoffe scheinen durchaus nicht an eine Wanderung in den Hauptnerven gebunden zu sein. Ich erinnere nur an Ergebnisse von LODE, der zeigte, daß die nächtliche Stärkeabwanderung trotz einer Unterbrechung der Hauptrippen ungestört vor sich geht. Ich habe Blätter, an denen sämtliche größeren Rippen zwischen weißen und grünen Teilen durch breite Schnitte unterbrochen waren, nach 12 Tagen vom Baume genommen und sie in ihrem Eiweißgehalt mit einer unverletzten Kontrollprobe verglichen. Das Ergebnis geht über individuelle Schwankungen kaum hinaus (Tabelle 6):

Tabelle 6.

Objekt		N in % des Total-N				
Acer Negundo		NH$_3$-N	2-Amid-N	Rest-N	Löslich-N	Eiweiß-N
Durchschnittene Leitbündel	Weißer Rand	3,01	7,29	22,75	33,05	66,95
Kontrolle		3,24	5,89	21,27	30,40	69,60
Durchschnittene Leitbündel	Grünes Zentrum	2,74	1,96	9,55	14,25	85,75
Kontrolle		2,59	0,83	9,23	12,65	87,35

Aus diesen Untersuchungen geht hervor, daß die Nerven und Leitbündel weder im Sinne PANTANELLIS noch hinsichtlich der Allgemeinernährung der weißen Teile eine entscheidende Rolle spielen dürften. Auch die anatomische Untersuchung über die Verteilung der leitenden

Elemente in weißen und grünen Blatt-Teilen (FUNAOKA [20] u. a.) bietet ja dafür keine wirklichen Anhaltspunkte. Die durchaus nicht immer auftretende schwächere Ausbildung des Leitungssystems fügt sich ganz einer allgemeinen schwächeren Entwicklung der weißen Teile ein und dürfte wie jene nur sekundärer Natur sein.

Allenfalls könnte man aus den Ergebnissen vielleicht noch auf eine gewisse befristete Selbständigkeit des weißen Gewebes schließen, für das auch noch andere Beobachtungen vorhanden sind. Rein weiße Triebe zeigen nämlich, wenn sie abgeschnitten in Wasser gestellt werden, mitunter eine beträchtliche Lebensdauer. Ich habe auch solche am Baum befindliche Äste geringelt und erst nach etwa 3 Wochen ein Absterben der Blätter beobachtet. Dabei scheint noch eine Ringelungsbreite von 1 cm glatt überwunden zu werden.

In diesem Zusammenhang haben ferner Untersuchungen Interesse, die zu Beginn der Herbstfärbung und des Laubfalles unternommen wurden. Es ist bekannt, daß das Vergilben der grünen Blätter in einem gewissen, ursächlich noch nicht klar erkennbaren Zusammenhang mit ihrem Eiweißgehalt steht. Es war die Frage, wie sich die weißen Randteile in ihren N-Fraktionen verhalten würden, wenn dieses Vergilben im grünen Zentrum einsetzte. Zur Untersuchung kamen Blätter von *Acer Negundo* Ende September und Anfang Oktober. Die Septemberblätter zeigten in ihren grünen Gebieten gerade erkennbar beginnende Verfärbung, die Oktoberblätter waren goldgelb gefärbt und lösten sich. noch voll turgeszent, bei Berührung leicht von den Zweigen. In beiden Fällen war in den weißen Randteilen außer kleineren, lokal vertrockneten Gebieten, die natürlich von der Analyse ausgeschlossen wurden, keine Veränderung im normalen Aussehen zu erkennen.

Tabelle 7 zeigt sowohl die absoluten N-Zahlen als auch die prozentuale Verteilung.

Tabelle 7.

Acer Negundo		NH₃-N	2-Amid-N	Rest-N	Löslich-N	Eiweiß-N	Total-N
Weißer Rand 21. IX. 26	N in ⁰/₀₀ des Frischgewichtes	363	734	966	2063	4330	6393
	N in ⁰/₀ des Total-N	5,7	11,5	15,1	32,3	67,7	—
Weißer Rand 11. X. 26	⁰/₀₀ Frischgewicht	501	646	645	1792	2838	4630
	⁰/₀ Total-N	10,8	13,9	13,9	38,7	61,3	—
Grünes Zentrum 21. IX. 26.	⁰/₀₀ Frischgew	211	710	277	1198	6136	7334
	⁰/₀ Total-N	2,9	9,7	3,8	16,3	83,7	
Grünes Zentrum 11. X. 26.	⁰/₀₀ Frischgew.	187	486	576	1249	2772	4021
	⁰/₀ Total-N	4,6	12,1	14,3	31,1	68,9	—

Diese Zusammenstellung zeigt erneut, daß von einer progressiven Eiweißzersetzung im Sinne Pantanellis keine Rede sein kann. Noch im September zeigen die weißen Randgebiete im Vergleich zu den grünen durchaus normales Verhalten. Es hätte sich nun aber vielleicht erwarten lassen, daß die beginnende Verfärbung und das Aufhören der Assimilation in den grünen Zentren die weißen Ränder zu einem erhöhten Abbau zwingt. Tatsächlich verläuft dieser aber in den grünen Teilen viel intensiver, die weißen Gebiete scheinen nur zögernd in diesen ganzen Prozeß hineingezogen zu werden. Das Endstadium vom 10. XI., einen Tag bevor die letzten Blätter vom Baume fielen, zeigt deutlich, daß sowohl die Total-N-Auswanderung als auch der Eiweißabbau im weißen Rand relativ geringer sind als bei den grünen Teilen: die absoluten Zahlen sind hier in beiden Fällen höher als die der grünen. Diese Beobachtung wird man bei der Diskussion über einen Gleichgewichts- oder Hungerzustand der weißen Organe nicht außer acht lassen dürfen. Auffällig ist der hohe NH_3-Gehalt, der eventuell als Hungerbild im Sinne Prjanischnikows gedeutet werden könnte. Doch sei schon hier auch auf die hohe Acidität von *Acer Negundo* ($p_H = 2{,}54—2{,}67$) hingewiesen (Ammonsalztyp nach Ruhland und Wetzel).

Die Abhängigkeit der N-Fraktionen vom Kohlehydratgehalt, die ja aus den ersten Versuchen eindeutig hervorgeht, gibt uns nämlich nicht so ohne weiteres das Recht, von einem physiologischen Hungerzustand der weißen Blatt-Teile zu sprechen. Außer den zuletzt erwähnten Befunden über die herbstliche Auswanderung liegen auch noch eine Reihe von anderen Beobachtungen vor, auf die bei Besprechung der Atmungsversuche noch zurückzukommen sein wird, die dafür sprechen, daß der Gesamtzustand auch in energetischer Beziehung ziemlich ausgeglichen ist. Diese Fragen werden später noch einmal erörtert werden. Hier soll davon zunächst nur der ursächliche Zusammenhang zwischen den N-Differenzen und dem Ausbleiben der Chlorophyllsynthese noch einmal aufgegriffen werden.

Es war im vorstehenden ausgesprochen worden, daß diese N-Verschiebungen nicht ursächlich mit der Panaschüre verknüpft seien. Das bedarf nun noch einer eingehenderen Betrachtung. Wenn auch die prompte Eiweißsynthese, die auf Darbietung von Zucker erfolgt, ohne daß dabei auch ein Ergrünen einsetzte, es wenig wahrscheinlich macht, so wäre doch immerhin denkbar, daß eine mangelhafte Kohlehydratzufuhr im jugendlichen Zustand, die aus irgendwelchen Gründen partiell erfolgen könnte (Sorauer vermutet z. B. Druckverhältnisse in der Knospenlage), eine Ausbildung von Chlorophyll in den eiweißarmen Plastiden hemmen könnte. Es ist ja bekannt, daß man neuerdings zu der Ansicht neigt, daß das Chlorophyll in den Plastiden an Eiweiße adsorbiert ist. Da bis jetzt angenommen wurde, daß der zur Ausbildung der Panaschüre führende Prozeß irreversibel ist, so könnte demgemäß vielleicht auch eine spätere Zuckerzufuhr nichts mehr ändern. Der Einwand scheint angesichts der leichten Eiweißsynthese, wie gesagt, wenig wahrscheinlich, ist jedoch immerhin einer experimentellen Prüfung zugänglich und wert. Man könnte versuchen, ganz junge Knospen, mit Zucker versorgt, zum Treiben zu bringen. Ich bin jedoch von einer anderen Seite dieser Frage noch einmal näher getreten.

Es hat sich nämlich gezeigt, daß die Panaschierung keineswegs so völlig irreversibel ist. Betreffs der Einzelheiten muß auf die späteren Kapitel verwiesen werden. MOLISCH (45) berichtete z. B. schon 1901 von einer *Brassica*-Art, die in der Kälte panaschierte Blätter entwickelt, in der Wärme jedoch leicht zu ergrünen vermag. Dieses Objekt wählte ich mir zur Beantwortung einer ganzen Reihe von Fragen, unter anderem auch für die vorliegende, aus. Ich ließ zunächst eine panaschierte Freilandpflanze im Warmhaus vollständig ergrünen und verglich sie dann hinsichtlich ihrer N-Fraktionen mit den weißen Blättern einer anderen panaschierten Kältepflanze. Dabei wurde auch ein etwaiger Altersunterschied durch Untersuchung zweier verschiedener Entwicklungsstadien berücksichtigt. Das in Tabelle 8 zusammengestellte Ergebnis überrascht

Tabelle 8.

Brassica oleracea		N in % des Total-N				
		NH$_4$-N	2-Amid-N	Rest-N	Löslich-N	Eiweiß-N
Weiß (Freiland)	jung	2,18	24,61	24,08	50,87	49,13
	alt	1,73	29,50	29,01	60,24	39,76
Ergrünt (Warmhaus	jung	2,10	20,14	21,40	43,64	56,36
	alt	1,63	22,40	31,16	55,19	44,81

durch die verhältnismäßig geringen Unterschiede des Eiweißgehaltes. Auch die üblichen Amiddifferenzen sind durchaus geringfügig. (Das Resultat eines entsprechenden Versuchs mit Blättern von ein und derselben ergrünenden Pflanze findet sich in Tabelle 12.)

Ich brachte nun abgeschnittene jüngere und ältere Blätter einer panaschierten Freilandpflanze teils auf Zucker in die Kälte (3°), teils auf Wasser ins Warmhaus (20°). Nach 3 Tagen begannen die Blätter im Warmhaus leicht zu ergrünen. Das Analysenergebnis zeigt Tabelle 9 (siehe S. 176).

Vergleicht man diese Zahlen noch mit denen aus Tabelle 8, so sieht man ohne weiteres, daß *der Eiweißgehalt in keiner Beziehung zu der Frage des Ergrünens oder Nichtergrünens stehen kann: die mit Zucker ernährten und absolut weiß bleibenden Blätter (selbst nach 3 Wochen!) besitzen einen beträchtlich höheren Eiweißgehalt als die ergrünenden auf Wasser.*

Tabelle 9.

Brassica oleracea		N in % des Total-N				
		NH₃-N	2-Amid-N	Rest-N	Löslich-N	Eiweiß-N
Weiß auf Zucker, kalt	jung	2,21	19,41	21,18	42,80	57,20
„Weiß" auf Wasser, warm, ergrünend . . .	„	2,11	20,80	29,18	52,09	47,91
Weiß auf Zucker, kalt	alt	1,89	21,00	30,32	53,21	46,79
„Weiß" auf Wasser, warm, ergrünend . . .	„	2,74	25,67	31,43	59,84	40,16
Warm etiolierte junge Blätter		1,82	30,83	30,76	63,41	36,59

Wie weit der Eiweißgehalt sinken kann, ohne daß dadurch die Chlorophyllbildung auch nur irgendwie beeinträchtigt würde, zeigt die der Tabelle 9 angefügte letzte Spalte. Es handelt sich hier um eine Analyse junger Blätter von einem Exemplar, das vorher 10 Tage verdunkelt im Warmhaus gehalten worden war. Das Material wurde unmittelbar nach dem Aufdecken verarbeitet, die Pflanze ergrünte darauf trotz ihres auch in absoluten Zahlen sehr niedrigen Eiweißgehaltes von nur 36% des Total-N kräftig im Verlauf von 5 Stunden. Der Versuch wird in anderem Zusammenhang später genauer besprochen werden, für die absoluten Stickstoffzahlen sei auf Tabelle 10 verwiesen.

Man könnte nun gegen diese Versuche vielleicht noch einwenden, daß das Beispiel dieser kältelabilen *Brassica*-Art einen Sonderfall darstelle und daß er darum, wie ja auch schon MOLISCH andeutete, nicht mit anderen panaschierten Pflanzen verglichen werden dürfte. Wir werden indessen später sehen, daß diese Kältelabilität durchaus keinen so besonderen Fall darstellt, sondern sogar ziemlich häufig vorkommt, und daß gerade die von mir bisher untersuchten Objekte, *Acer Negundo* und *Cornus alba*, sich darin durchaus der Kohlvarietät an die Seite stellen lassen (vgl. Kapitel V).

Eiweißgehalt und Chloroplasten.

In diesem Zusammenhang sei schließlich noch auf die quantitative Beziehung zwischen Chloroplasten und Eiweißsynthese hingewiesen, die bereits einleitend angedeutet wurde. Es liegt nicht im Rahmen dieser Arbeit, diese Fragen hier grundlegend aufzurollen, es wird sich vielleicht später einmal dazu Gelegenheit bieten. Immerhin mag hier das Wenige, das sich aus den bisherigen Analysenresultaten ablesen läßt, kurz beleuchtet werden. Zu diesem Zwecke sind in Tabelle 10 die absoluten Werte einiger früherer Versuche zusammengestellt:

Tabelle 10.

Spalte	Objekt		mg N in ⁰/₀₀ des Frischgewichtes					
			NH₃-N	2-Amid-N	Rest-N	Löslich-N	Eiweiß-N	Total-N
1	*Brassica*, jung, kalt, Zucker	Weiß	254	2232	2435	4921	6576	11 497
2	*Brassica*, alt, kalt, Zucker		187	2072	2992	5251	4617	9 868
3	*Brassica*, jung, warm	Ergrünt	237	2272	2414	4923	6357	11 280
4	*Brassica*, alt, warm		154	2114	2941	5209	4230	9 439
5	*Brassica*, warm, etioliert	Ergrünungs-fähig	140	2370	2365	4875	2813	7 688
6	*Acer Negundo*, 6 Tage Zucker	Weißer Rand	146	356	807	1309	5341	6 650
7		Grünes Zentrum	173	248	745	1166	6306	7 472
8	*Acer Negundo*, normal, Freiland	Weißer Rand	280	662	1241	2183	5070	7 253
9		Grünes Zentrum	178	536	516	1230	7264	8 494
10	*Cornus alba* normal, Freiland	Weißer Rand	168	1079	2217	3464	4293	7 757
11		Grünes Zentrum	140	240	500	880	7600	8 480

Betrachten wir zunächst die ersten Spalten 1—3 und 2—4, so sieht man hier die weitgehende Übereinstimmung sämtlicher N-Fraktionen für weiße und grüne *Brassica*-Blätter, von der vorstehend die Rede war, und aus der zusammen mit den Werten der Spalte 5 die Bedeutungslosigkeit der Eiweißzahlen für das Ergrünen augenfällig hervortritt.

Spalte 8—11 zeigt etwa Normaltypen der Stickstoffverteilung zwischen dem unbehandelten weißen und grünen Gewebe. Besonders groß ist hier, selbst in Anbetracht der Total-N-Differenz, der Unterschied des Eiweißgehaltes für *Cornus alba*. Daß man im ersten Fall bei *Brassica* nicht davon sprechen kann, daß „die Hauptmasse des Eiweißes in den Chloroplasten steckt", bedarf keiner weiteren Erörterung. Wir haben ja in dem rein weißen Gewebe überhaupt keine Chloroplasten, sondern nur das infolge des Farbstoffmangels zur Photosynthese unfähige farblose Stroma (Leukoplasten?). Auch bei anderen Objekten als *Brassica* baut dieses weiße Gewebe bei Zuckerfütterung ohne weiteres Eiweiß auf und nähert damit seinen Eiweißgehalt dem der grünen Zellen an.

Ob diese Annäherung auch bei *Cornus* und *Acer* zu einem völligen Ausgleich führt, vermag ich vorläufig noch nicht zu sagen, da länger ausgedehnte Versuche im Sommer doch auf Schwierigkeiten stoßen. Die Ergebnisse bei *Brassica,* wo die Eiweißwerte ergrünter Blätter nicht nur erreicht, sondern sogar übertroffen wurden, lassen indessen eine solche Annahme durchaus wahrscheinlich erscheinen. Damit würde aber der Faktor Chlorophyll in seiner Einwirkung auf die Eiweißsynthese lediglich mit dem Faktor Kohlehydrat gleichzusetzen sein.

Über den Ort der Eiweißsynthese braucht dadurch noch nichts ausgesagt zu sein. Nach den bisherigen Untersuchungen ist ja an einer Lokalisation von Eiweiß in den normalen Chloroplasten nicht zu zweifeln. Will man daran festhalten, daß die Chloroplasten des grünen Blattes bevorzugte Stellen der Eiweißsynthese sind, so müßte man unter Berücksichtigung vorstehender Analysenwerte nur fordern, daß der Ausdruck „Chloroplasten“ durch den allgemeineren der „Plastiden“ ersetzt wird. Da eine Beobachtung der farblosen Gebilde in den weißen Zellen auf mancherlei Schwierigkeiten stößt (vgl. Kap. V), habe ich die Verfolgung dieser Fragen, als über den Rahmen meiner Untersuchung hinausgehend, für eine spätere Arbeit zurückgestellt, so daß das Vorstehende nur als Material gewertet werden mag. Ich möchte aber doch darauf hinweisen, wie nötig es auch hier ist, daß die Untersuchungen auf eine quantitative Basis gestellt werden. Es ist mir wiederholt aufgefallen, daß der Ausfall der qualitativen Eiweißproben, wie sie z. B. Lakon (39) beschreibt, nicht immer ein richtiges Bild von den tatsächlich vorhandenen Eiweißmengen ergibt, und daß man z. B. bei *Acer Negundo* ganz gewaltige Eiweißdifferenzen festzustellen glaubt, während sich die absoluten Mengen wie 5 : 6 verhalten (vgl. Tabelle 10, 6/7). Es ist ja bekannt, daß unsere Eiweißreaktionen meist nur Reaktionen ganz bestimmter Gruppen von Verbindungen sind, die am Aufbau der Eiweißkomplexe beteiligt sind, und man wird wohl zu beachten haben, daß das bei unseren quantitativen Bestimmungen gefällte Eiweiß sehr wohl qualitative Unterschiede aufweisen kann. Wie weit diese Erwägungen für den Spezialfall der Panaschüre zutreffen, vermag ich vorläufig noch nicht zu sagen.

Das Nitratreduktionsvermögen.

Halten wir als Ergebnis aller bisherigen Versuche fest, daß die *weißen Zellen bei Zuckerzufuhr nicht nur Stärke, sondern auch Eiweiß synthetisieren, und daß das Ergrünen keineswegs durch den gewöhnlich niederen Eiweißgehalt gehemmt ist,* so bleibt uns noch ein kleines Teilgebiet des N-Stoffwechsels zur Besprechung übrig, das sich mit den Fragen der Nitratreduktion im chlorophyllfreien Gewebe als Ausgangspunkt der gesamten N-Synthesen befaßt. An Literatur fehlt es darüber fast ganz.

TIMPE (74) erwähnt in seiner Dissertation (1900), daß sich bei Nitratfütterung das Nitrat in den weißen Gebieten anhäufe. Außerdem haben auch LAURENT, MARCHAL und CARPIAUX (40) in ihrer bereits erwähnten Arbeit, in der sie den Einfluß des Lichtes auf die N-Assimilation der höheren Pflanzen untersuchten, auch panaschierte, bzw. rein weiße Objekte herangezogen. Abgesehen davon, daß ihr Resultat, wonach das Licht zur N-Assimilation nötig sei, heute als widerlegt gelten darf, haben diese Autoren NO_3- oder NH_3-Lösungen zusammen mit Zucker geboten, so daß ihre Schlüsse auf eine Eiweißsynthese allein dadurch für die panaschierten Objekte anfechtbar werden. Uns interessiert hier nur die Frage, ob die weißen Organe, wie aus dem Befund TIMPES hervorgehen könnte, eine verminderte Reduktionsfähigkeit besitzen.

Ich habe den Versuch TIMPES wiederholt. Tatsächlich geben z. B. Zweige von *Cornus alba* schon nach eintägigem Aufenthalt in einer Nährlösung (V. DER CRONE) mit Diphenylamin sehr starke Nitratreaktionen an den weißen Blatträndern. Es ist aber gar nicht nötig, das Nitrat von außen zuzuführen, es gibt eine ganze Reihe von panaschierten Pflanzen, die schon im Normalzustand dieses Verhalten zeigen. Dazu gehört z. B. der als Nitratpflanze bekannte panaschierte *Sambucus*, ferner *Abutilon Sawitzer, Brassica oleracea, Oplismenus imbecillis,* panaschierte Arten von *Tradescantia, Fuchsia* u. a. Legt man nun ein solches Blatt, das also entweder künstlich mit Nitrat angereichert wurde oder dieses schon normal in seinem weißen Gewebe enthielt, auf eine Zuckerlösung, so *beginnt nach wenigen Tagen das Nitrat zu verschwinden,* zunächst oft nur lokal, bis schließlich die Diphenylaminreaktion vollkommen und überall negativ wird. Auf eine Wiedergabe der Versuchsprotokolle kann in Anbetracht der rein qualitativen Reaktionen verzichtet werden. Ich habe solche Versuche mit Blättern von *Cornus alba, Sambucus nigra, Oplismenus imbecillis* und *Brassica oleracea,* und zwar für das isolierte weiße Gewebe allein, wie auch in Zusammenhang mit dem grünen, mit stets gleichem Erfolg wiederholt durchgeführt und nur bei sehr dicken *Tradescantia*-Blättern keine ganz eindeutigen Ergebnisse erhalten.

Die Zeit, die zu einer völligen Reduktion nötig ist, ist verschieden (meist 4—8 Tage bei 5%igen Glukoselösungen); sie hängt unter anderem vermutlich mit der Menge von löslichen N-Verbindungen zusammen, die jeweils in dem Blatt vorhanden sind.

Eine Ausnahme von dem allgemeinen Verhalten der panaschierten Pflanzen scheint *Acer Negundo* darzustellen, bei dem ich selbst nach 14tägigem Aufenthalt in einer nitrathaltigen Nährlösung in den weißen Rändern kein Nitrat nachweisen konnte. Den Grund dieses abweichenden Verhaltens muß ich dahingestellt sein lassen. Eine NH_3-Anhäufung scheint, wie aus dem in Tabelle 11 aufgeführten Versuch hervorgeht, dabei nicht einzutreten, so daß es wahrscheinlicher ist, daß das Nitrat auf diesem Wege gar nicht aufgenommen wurde. Daß diese Zellen jedoch Nitrat normal reduzieren, wenn es ihnen zugeführt ist, konnte ich auf andere Weise zeigen, indem ich panaschierte Blätter 2 Tage lang in einer Nährlösung untergetaucht hielt und so fast gewaltsam mit Nitrat anfüllte. Die Blätter wurden darauf gut gewaschen, 3 Stunden lang unter fließendem Wasser gewässert, um nach Möglichkeit das in den Interzellularen noch vorhandene Nitrat herauszulösen, und dann teils auf Zucker, teils auf Wasser gebracht. Nach 12 Tagen war aus den mit Zucker ernährten Blättern das Nitrat bis auf einzelne kleine, lokal begrenzte Gebiete verschwunden, während die Blätter auf Wasser noch so intensiv wie zu Beginn mit Diphenylamin reagierten. Dabei wurde natürlich sorgfältig auf ein etwaiges Herausdiffundieren in die Außenlösungen geachtet.

Somit dürfen wir allgemein annehmen, *daß das auffällige Verhalten der weißen Gewebeteile gegenüber Nitraten nicht auf einer grundsätzlichen Unfähigkeit zur Reduktion beruht, sondern im Anschluß an die bisherigen Ergebnisse über den Eiweißaufbau in erster Linie durch die verminderten Kohlehydrate begrenzt wird.* Es kann ja auch nicht wundernehmen, daß diese Zellen bei den großen Mengen von löslichen N-Verbindungen, Aminosäuren und Amiden, die sie normalerweise schon enthalten und nicht zu koppeln vermögen, zugeführtes Nitrat nur langsam reduzieren; ja, man darf erwarten, daß eine Zuckerzufuhr zunächst zum Aufbau der bereits vorhandenen und assimilierten N-Verbindungen und erst in zweiter Linie für die weitere Nitratreduktion nutzbar gemacht wird, trotzdem auch die vorhandenen Amide und Aminosäuren wahrscheinlich zum großen Teil noch einmal die NH_3-Stufe durchlaufen, bevor sie in die Eiweißsynthese eingehen.

Unter diesen Gesichtspunkten möge hier noch ein Versuch betrachtet werden, der, in Tabelle 11 zusammengefaßt, die Frage zu beantworten suchte, ob etwa eine gleichzeitige Zufuhr von NO_3 oder NH_3 mit Zucker eine erhöhte Eiweißsynthese hervorrufen würde. Unter dem Vorbehalt, daß *Acer Negundo* möglicherweise dem Eindringen von NO_3 einen gewissen Widerstand entgegensetzen könnte, zeigt der Versuch ein völlig negatives Ergebnis: die Eiweißsynthese wurde innerhalb der Versuchszeit lediglich durch den Zucker beherrscht.

Tabelle 11.

Acer Negundo rein weiße Blätter	N in % des Total-N					mg N in ⁰/₀₀ des Frisch- gewichtes
	NH_3-N	2-Amid-N	Rest-N	Löslich-N	Eiweiß-N	Eiweiß-N
Anfangswert	6,9	19,4	29,2	55,4	44,6	3517
6 Tage auf Glukose .	7,5	12,2	20,3	40,0	60,0	4485
Glukose $+ 0,1\%$ KNO$_3$	5,9	11,3	24,9	42,0	58,0	4663
Glukose $+ 0,1\%$ NH$_4$HCO$_3$.	—	—	—	—	—	4533

Aus diesen Zahlen darf weiter gefolgert werden, daß die weißen Zellen, wie schon bei der Besprechung der Total-N-Zahlen angedeutet wurde, unter normalen Umständen Stickstoff nicht nur in genügender Menge, sondern sogar im Überfluß besitzen. *Die vorhandenen Kohlehydrate reichen für gewöhnlich nicht aus, um das gesamte Material zu Eiweiß zu verarbeiten, und so wird es auch erklärlich, warum gelegentlich hier sogar ein größerer Total-N-Gehalt gefunden werden kann. Wird Zucker in hinreichender Menge geboten, so wird auch schließlich Nitrat in normaler Weise reduziert. Damit reiht sich aber diese erste Stufe des N-Stoffwechsels durchaus den übrigen Befunden im Sinne einer erst sekundär durch die Panaschüre bedingten Stoffwechseldifferenz ein.*

II. Die Kohlehydrate.

Die im vorstehenden aufgezeigte ursächliche Verknüpfung der zwischen weißen und grünen Gewebeteilen bestehenden Stickstoffdifferenzen mit den Kohlehydraten ließ es wünschenswert erscheinen, einen wenn auch nur orientierenden Überblick über die Verteilung der Zucker zu gewinnen. Es war klar, daß ein Unterschied im Kohlehydratgehalt der weißen und grünen Blatt-Teile erwartet werden mußte, und es interessierte lediglich, das quantitative Ausmaß dieser Differenz an einem Beispiel kennen zu lernen, zumal in Hinsicht auf die schon einmal kurz gestreifte Frage eines Hungerzustandes der weißen Organe. SMIRNOW (71) gibt in einer Arbeit über Atmungsintensität und Peroxydasegehalt bei *Acer Negundo*, auf die später ausführlicher eingegangen werden muß, für die Kohlehydrate ein Verhältnis von 100 : 58,75 zwischen Grün und Weiß an. WEEVERS (80), der die Fragen nach der chemischen Natur der ersten Assimilationsprodukte untersuchte und dazu panaschierte Objekte heranzog, findet z. B. für *Ilex aquifolium* 3,5 : 3,0% des Trockengewichtes, wobei in den weißen Teilen nur Disaccharide gefunden wurden, während *Cornus* und *Acer* auch Monosen führten. Sonstige auf quantitativer Grundlage beruhende Angaben sind mir nicht bekannt geworden.

Methodik. Zur Bestimmung der im folgenden beschriebenen Zuckeruntersuchungen wurde versuchsweise das in der Tierphysiologie gebräuchliche und bewährte Blutzuckermikroverfahren nach HAGEDORN und JENSEN (27) herangezogen. Die Schwierigkeiten einer exakten physiologischen Zuckerbestimmung liegen ja bekanntlich heute nicht in der eigentlichen chemischen Erfassung der Zucker, sondern in der Isolierung aus dem Gewebe und in der Befreiung von allen übrigen reduzierenden Substanzen. Wir bestimmen bei fast allen gebräuchlichen Methoden ja lediglich das Reduktionsvermögen von Stoffen, von denen wir nur auf Grund unserer Isolierungsverfahren annehmen, daß sie allein aus Zuckern bestehen.

Die Vorteile des Ferricyanidverfahrens liegen nun in der verhältnismäßig einfachen und exakten Bestimmung sehr kleiner Zuckermengen, die es z. B. leicht gestattet, bei einem angenommenen Durchschnittszuckergehalt von 1 % Frischgewichtsmengen von 0,1 g quantitativ zu verarbeiten. Damit aber dürften die Fragen der Zuckerlokalisation sowie der Wanderung und Leitung einer experimentellen Bearbeitung zugänglich werden, sobald die Isolierungsverfahren, die bei Pflanzen größere Schwierigkeiten bieten als in der Tierphysiologie, hinreichend ausgearbeitet sind.

Der von mir eingeschlagene und nachstehend kurz beschriebene Weg ist im einzelnen wohl noch verbesserungsbedürftig, für meine nur vergleichenden Untersuchungen durfte jedoch die erreichte Genauigkeit als genügend betrachtet werden. Das klein geschnittene, nötigenfalls zerriebene Material wird unter Zugabe von etwas reinem $CaCO_3$ mit etwa 80%igem, über KOH destilliertem Alkohol mehrere Stunden extrahiert. Die dazu nötige Zeit ist in gewissen Grenzen vom Objekt abhängig, bei *Brassica* war das Material nach 3stündiger warmer Extraktion erschöpft. Das Filtrat wird nach mehrmaligem Auswaschen und Abpressen des Filterrückstandes im Vakuum abgedampft, wobei die Zugabe von etwas ausgeglühtem reinem Sand von Vorteil ist, um ein Ankleben und dadurch erschwertes Ausziehen des Rückstandes zu vermeiden. Dieser wird mehrmals mit Wasser ausgezogen. Es resultiert dabei meist eine noch schwach gelb gefärbte Lösung, die nun mit etwas festem $PbCO_3$ versetzt wird. Dann wird über feiner Holzkohle filtriert und einige Male mit warmem Wasser nachgewaschen, um einen Verlust an Zucker zu verhüten. Spuren von löslichen Bleiverbindungen, die bei der Ferricyanidmethode starke Fehler ergeben müssen, werden hierbei an der Kohle adsorbiert. Verschiedene Kontrollbestimmungen mit reinen Glukoselösungen zeigten, daß der durch diese Reinigungsmethoden bedingte Fehler 1% nicht überschreitet. Man erhält auf diese Weise meist wasserklare Lösungen, die nun ohne weiteres zur Zuckerbestimmung in der von HAGEDORN und JENSEN beschriebenen Weise benutzt werden können. Zuweilen bleibt auch hier noch eine leicht gelbliche Färbung, die jedoch auf die Zuckerbestimmung ohne Einfluß ist. Ich habe sie durch nochmaliges Abdampfen im Vakuum und Wiederaufnahme mit Wasser entfernt, ohne daß sich dadurch der Zuckerwert geändert hätte. Ein Teil des Materials wurde stets mit HCl hydrolysiert und nach genauer Neutralisation mittels Differenzmethode zur Bestimmung der vorhandenen Disaccharide benutzt.

Mit diesem Verfahren ausgeführte Bestimmungen ergaben nun für *Brassica oleracea* eine Zuckerdifferenz zwischen den weißen und grünen Teilen von 15—25% (vgl. Tabelle 12). Das erscheint zunächst auffällig wenig, deckt sich aber mit der Höhe einer später zu besprechenden Atmungsbestimmung (Tabelle 13). Zweifellos sind bei anderen panaschierten Objekten unter Umständen auch größere Differenzen vorhanden; für *Abutilon Sawitzer* fand ich in einer gelegentlich ausgeführten Kontrollbestimmung an gesamtreduzierenden Zuckern auf 1 g Frischgewicht 2,46 mg für Weiß gegen 6,98 mg für Grün. Es kommt bei *Brassica* noch der Umstand hinzu, daß das grüne Gewebe am Rande des Blattes liegt und eine Ableitung der Assimilate somit durch das weiße Gebiet hindurchführen muß. Tatsächlich beobachtete ich auch über Nacht ein Ansteigen des Zuckergehaltes in den weißen Teilen.

Es interessierte mich nun vor allem die Frage, ob im Verlauf des Ergrünungsprozesses eine Änderung im Kohlehydratgehalt erfolgen und ob etwa eine erhöhte Zuckerzufuhr nach dem weißen, ergrünenden Gewebe einsetzen würde, die für das Ergrünen von ursächlicher Bedeutung wäre. Zu diesem Zwecke wurde eine kräftige weißpanaschierte Pflanze aus dem Freiland ins Warmhaus (Mindesttemperatur 20°) gebracht und das Ergrünen in seiner Wirkung auf den Zuckergehalt analytisch alle 2 Tage verfolgt. Das Ergebnis zeigt Tabelle 12.

Tabelle 12.

Brassica oleracea, ergrünend	2. XI. 26		4. XI. 26		6. XI. 26		8. XI. 26	
	Weiß	Grün	Weiß	Grün	"Weiß"	Grün	„Weiß"	Grün
g Glukose auf 100 g Frischgewicht . . .	24,71	26,83	11,74	15,44	9,15	10,70	7,89	7,72
g gesamtreduzierende Zucker	25,75	30,46	13,53	18,25	9,15	11,38	8,79	9,54
Löslich-N in % des Total-N	46,5	23,4	—	—	—	—	56,0	31,0
Eiweiß-N in % des Total-N	53,5	76,6	--	—	—	—	44,0	69,0

Die Werte vom 2. XI. und 8. XI. beziehen sich auf unmittelbar übereinanderstehende ausgewachsene Blätter, die vom 4. und 6. XI. auf dasselbe Blatt. Größere Zuckerschwankungen sind für solche geringen Altersunterschiede kaum zu befürchten, eine Kontrollanalyse ergab z. B. für ein altes und ein mittleres Blatt noch gut übereinstimmende Werte (9,69 mg und 9,56 mg), während erst bei halb ausgewachsenen Blättern ein größerer Sprung auftrat.

Tabelle 12 zeigt nun während des Ergrünungsprozesses eine dauernde Abnahme der Zucker in beiden Gebieten (weiß und grün), die sich in ihrem Ausmaße langsam verringert und offenbar einem neuen Gleichgewicht zustrebt. Nach 6 Tagen sind jedoch auch die Zuckerdifferenzen zwischen dem grünen Rand und dem ergrünenden Innengewebe bis auf 8% ausgeglichen und in ihrer absoluten Höhe bis auf etwa ein Drittel des ursprünglichen Gehaltes gesunken.

Das ganze Bild ist sichtlich beherrscht durch einen gewaltig gesteigerten energetischen Umsatz, der bei der großen Temperaturerhöhung (20°) durch die verhältnismäßig schmalen grünen Randgebiete zunächst nicht gedeckt werden kann und zu einem Verbrauch des vorhandenen Zuckers führt. Am größten ist naturgemäß der Sprung in den ersten 2 Tagen. Interessant und für das Wesen des Vorganges bezeichnend ist dabei, daß auch der Eiweißgehalt prozentual noch zurückgeht. Es kann allerdings schwer entschieden werden, ob sich hierbei sekundär nicht auch schon eine Ableitung zugunsten der jungen, stark wachsenden Blätter überlagert. Jedenfalls darf festgehalten werden, daß unter den hier beschriebenen Erscheinungen ein deutliches Ergrünen der analysierten Blätter erfolgte.

Diese Feststellung bedeutet hinsichtlich des Eiweißgehaltes eine erneute Bestätigung der im vorhergehenden Kapitel vertretenen Ansicht. Man wird aber nun auch hinsichtlich des Zuckergehaltes nur noch schwer von einem Mangel in ursächlicher Beziehung zur Panaschüre sprechen können, wenn man berücksichtigt, daß zwei Drittel des vorhandenen Zuckers ohne Schädigung verbraucht werden können, ja, daß unter diesen Umständen sogar der Ergrünungsprozeß einsetzte.

Es ist von anderer Seite einmal ausgesprochen worden, daß die weißen Teile doch eigentlich auf Kosten der grünen parasitierten. Unter dem ersten Eindruck meiner Versuchsreihe habe ich den Gedanken erwogen, daß es tatsächlich erst der durch den erhöhten Zuckerverbrauch empfindlich werdende Mangel sein könnte, der die weißen Zellen zur Aufnahme der eigenen Produktion zwingt und zur Chlorophyllsynthese anregt. Dem ist aber nicht so. Legt man nämlich zwei weiße Blatthälften nebeneinander auf Wasser und Zucker, so *ergrünt das mit Zucker gefütterte Blatt* in der Wärme regelmäßig *rascher* und intensiver. Doch muß ausdrücklich hervorgehoben werden, daß auch das „hungernde“ Blatt auf Wasser bei entsprechend hoher Temperatur voll ergrünt, und daß also diese Zuckerfütterung keineswegs eine notwendige Vorbedingung für das Ergrünen ist. Auch kann man in der Kälte die Blätter wochenlang mit Zucker ernähren, ohne daß auch nur die geringste Chlorophyllbildung sichtbar wird.

Diese eigentümliche fördernde Wirkung des Zuckers unter Bedingungen, die überhaupt die Farbstoffsynthese erlauben, wurde schon früher an etiolierten Keimlingen beobachtet (56, 57). Man wird wohl nicht fehl gehen, *die Bedeutung des Zuckers hier in seiner Auswirkung auf den Energieumsatz zu suchen* und auch die Einwirkung der erhöhten Temperatur in gleicher Richtung anzusetzen. Davon wird noch später ausführlicher die Rede sein. Einstweilen mag hier nur so viel hervorgehoben werden, daß der Umstand, daß der normale Zuckergehalt während des Ergrünungsprozesses weiterhin beträchtlich sinkt, und daß weiße Blattteile bei künstlich herabgesetztem Zuckergehalt unter Umständen äußerst rasch ergrünen können (vgl. auch das im vorigen Kapitel behandelte Ergrünen der etiolierten Pflanze, Tabelle 9, S. 176), kaum anders gedeutet werden kann, als daß die Zuckerdifferenz, die normalerweise zwischen weißem und grünem Gewebe besteht, nicht die Ursache für das Unterbleiben der Chlorophyllbildung im Sinne eines Hungerzustandes sein kann, sondern in erster Linie eine Folge der fehlenden Assimilation ist, und daß demnach *Chlorophyllbildung und Zuckergehalt bei der Panaschüre im Verhältnis von Ursache und Wirkung und nicht von Wirkung und Ursache stehen.* Es wird im folgenden zu erwägen sein, wie weit sich in der Höhe der Zuckerdifferenz ein Gleichgewicht ausspricht zwischen dem zur Verfügung stehenden Material, dem energetischen Bedarf und der Fähigkeit, im Überschuß zugeführte Betriebsstoffe überhaupt erhöht auszunutzen.

III. Die Atmung.

Der ganze Habitus der Panaschüre, der Umstand, daß sogar ganz rein weiße Triebe sich nicht nur bilden, sondern durch ganze Vegetationsperioden hindurch sich üppig weiter entwickeln und behaupten können, weist darauf hin, daß in ihrem Stoffwechsel in bezug auf Nahrungszufuhr und Verbrauch ein gewisses Gleichgewicht eingetreten sein muß. Verminderter Eiweißgehalt als Folge verminderter Kohlehydrate, letztere hinwiederum als Folge der fehlenden Assimilation: Es ist klar, daß unter diesen Gesichtspunkten auch mit einer verminderten Atmungsintensität zu rechnen war. Die einzige darüber vorliegende Literaturangabe findet sich bei SMIRNOW (1926 [71]), der für *Acer Negundo* einen Parallelismus zwischen Kohlehydratgehalt und Atmungsintensität in den weißen und grünen Teilen angab. Ein solcher Parallelismus ist von rein grünen Objekten schon aus früheren Arbeiten bekannt. Es mußte nun aber aus verschiedenen Gründen interessieren, diesen Atmungsdifferenzen bei panaschierten Pflanzen etwas weiter nachzugehen. Es wird auch bei Besprechung der Peroxydasen zum Teil auf diese Dinge noch einmal zurückzukommen sein.

In den Vordergrund war hier die Frage zu stellen, in welcher Beziehung die zu erwartende Atmungsdifferenz zu den vorhandenen Kohlehydraten, und in welche Beziehung sie zu den tieferen Ursachen der Panaschüre zu setzen war. Wenn es sich auch bei anderen panaschierten Pflanzen bestätigte, daß das weiße Gewebe schwächer atmet als das grüne, so mußte gefragt werden, ob diese verringerte Atmungsintensität in Weiß nur eine Folge mangelnden Zuckers war, oder ob den weißen Zellen nicht etwa die Potenzen fehlten, größere Zuckermengen zu verarbeiten, so daß auch eine experimentelle Unterstützung nicht imstande wäre, das Ausmaß ihres energetischen Stoffwechsels auf die Höhe des dem normal grünen Gewebe eigenen Umsatzes hinaufzudrücken.

Die folgenden Versuche beabsichtigen, für die Diskussion einiges Material als Unterlage zu schaffen. Sie wurden sämtlich in dem Mikrorespirometer von RUHLAND und ULLRICH [1] ausgeführt. Tabelle 13 gibt zunächst einen Überblick über die im Atmungsstoffwechsel weißer und grüner Organteile bei einigen panaschierten Objekten auftretenden Differenzen. Die Werte beziehen sich stets auf 1 g Frischgewicht, eine Temperatur von 28,4°, und bedeuten Kubikzentimeter Gas pro Stunde.

---

[1] Vgl. die Arbeit von H. ULLRICH und W. RUHLAND, dieses Heft, S. 360. Herrn Dr. ULLRICH sei auch an dieser Stelle für seine freundliche Unterstützung gedankt.

Tabelle 13.

Objekt		$\dfrac{CO_2}{O_2}$	CO_2 ccm/Stunde	O_2 ccm/Stunde
Cornus alba	Weiß	$0{,}98_5$	0,511	0,519
	Grün	$0{,}98_1$	0,795	0,810
Pelargonium zonale	Weiß	$1{,}17_2$	0,371	0,304
	Grün	$1{,}04_7$	0,716	0,683
Acer Negundo	Weiß	$0{,}96_3$	0,611	0,635
	Grün	$0{,}96_4$	0,811	0,841
Brassica oleracea	Weiß	—	0,551	—
	Grün	—	0,636	—

Man sieht hier, daß tatsächlich überall die Intensität der Atmung in den weißen Blatt-Teilen hinter der der grünen zurückbleibt. Dabei lassen sich jedoch beim Vergleich der Atmungsquotienten (vgl. auch Tabelle 14) keine in bestimmter Richtung liegenden Unterschiede erkennen. Vielmehr kann aus den an 1 angenäherten und mit den Werten des grünen Gewebes weitgehend übereinstimmenden Quotienten geschlossen werden, *daß die weißen Zellen nicht im Kohlehydrathunger stehen* und sich bezüglich Zufuhr und Verbrauch durchaus in einem Gleichgewicht befinden.

Es war nun die Frage, ob und wieweit sich diese verringerte Atmung durch eine Zuckerzufuhr experimentell verändern ließ. Ich brachte dazu die weißen Gewebestücke auf 5%ige Glukoselösungen, während die dazu gehörenden grünen Teile teils auf Wasser im Dunkeln, teils auf Wasser im Tageslicht und teils im Licht auf Zucker gehalten wurden. Das Ergebnis dieser Versuche ist in Tabelle 14 zusammengefaßt. Wir sehen hier, daß die weißen Gewebeteile eine Zuckerfütterung mit einer beträchtlichen Erhöhung ihrer Atmungsintensität beantworten, die sogar weit über das Normalmaß der grünen hinausschießt. Läßt man die grünen Blatt-Teile gleichzeitig hungern, so wird die nun umgekehrte Differenz der Atmungsintensitäten besonders auffällig (3/4).

Daraus geht zunächst hervor, daß *die Höhe der Atmungsintensität in den weißen Teilen tatsächlich durch die verfügbare Menge der Kohlehydrate bestimmt ist, daß sie bei Zuckerfütterung ansteigt und also keiner funktionellen Hemmung unterliegt.* Dieses letzte Ergebnis ist aber in Hinsicht auf die Grundfrage der Panaschüre von Wichtigkeit.

Allerdings bedarf der Umstand, daß die Atmungsintensität bei Zuckerzufuhr über das Maß der grünen Gewebe hinausgeht, noch einer näheren Betrachtung. Beläßt man die abgetrennten grünen Blatt-Teile am Tageslicht, so daß sie, abgesehen von ihrer Verwundung, normalen Ernährungsbedingungen unterliegen, so liegt ihre Atmungsintensität immer noch merklich unter der Intensität, mit der die weißen Ränder

Tabelle 14.

	Objekt		$\dfrac{CO_2}{O_2}$	CO_2	O_2
1	*Cornus alba*, Freiland	Weiß	$0{,}98_5$	0,511	0,519
2		Grün	$0{,}98_1$	0,795	0,810
3	5 Tage auf Zucker, dunkel	Weiß	$1{,}00_3$	1,216	1,213
4	5 „ „ Wasser, „	Grün	$0{,}98_0$	0,486	0,496
5	5 „ „ Zucker, hell. .	Weiß	$1{,}04_1$	1,339	1,286
6	5 „ „ Wasser, „ . .	Grün	$0{,}98_2$	0,844	0,858
7	5 „ „ Zucker, dunkel	Weiß	0,99	0,983	0,992
8	5 „ „ Zucker, „	Grün	$0{,}98^4$	0,841	0,855
9	*Acer Negundo*, Freiland . . .	Weiß	$0{,}96_3$	0,611	0,635
10		Grün	$0{,}96_4$	0,811	0,841
11	4 Tage auf Zucker, dunkel	Weiß	0,99	0,991	1,001
12	4 „ „ Wasser, „	Grün	$0{,}89_2$	0,793	0,889
13	Freiland „ergrünt"	„Weiß"	$1{,}03_3$	0,678	0,656
14		Grün	$0{,}98_6$	0,836	0,848
15	*Pelargonium zonale*, Freiland	Weiß	$1{,}17_2$	0,371	0,304
16		Grün	$1{,}04_7$	0,716	0,683
17	4 Tage auf Zucker hell (Anthocyanbildung) . . .	Weiß	$0{,}92_9$	0,898	0,966
18	4 Tage auf Wasser hell . .	Grün	0,94	0,836	0,890

auf Zucker atmen. Bei *Cornus* ist das prozentuale Verhältnis des nunmehrigen Unterwertes dem des normalen Überwertes fast gleich. Bei *Pelargonium* ist die Differenz allerdings wesentlich geringer. Aber selbst wenn man die grünen Gewebeteile ebenfalls und in gleicher Weise mit Zucker ernährt, bleibt eine gewisse, wenn auch viel geringere Überlegenheit für Weiß bestehen. Offenbar stellt gerade *Cornus* einen besonders extremen Fall dar, wie aus dem Vergleich der Differenzwerte mit *Acer Negundo* und *Pelargonium* geschlossen werden darf.

Man muß nun bedenken, daß eine Überschwemmung mit Zucker, wie sie bei der geübten Art der Zuckerernährung eintritt, für weiße Gewebeteile mit ihrer normalen Unterbilanz einen wesentlich größeren Eingriff darstellt als für grüne, die stets genügend Material selbst produzieren. Für letztere wird man, wenn man lediglich an Stelle der vollen Assimilation die Zuckerzufuhr setzt, keinen allzugroßen Ausschlag nach oben zu erwarten haben. Anders liegt das bei den weißen Organen, bei denen, wie wir ja bei der Besprechung des N-Stoffwechsels sahen, sofort energisch Synthesen einsetzen, unter denen der reine Eiweißaufbau vielleicht nicht die einzige ist. Weiße Teile werden sich also hier wie junge wachsende Organe verhalten, ein Vergleich, der in Hinblick auf das Verhältnis der Aschensubstanzen zu N und C schon von Sorauer gezogen wurde. Treten aber hier die synthetischen Prozesse in den

Vordergrund, so darf es nicht wundernehmen, daß auch der Energieumsatz ein höherer ist. Auch scheint es mir nicht unwahrscheinlich,
daß namentlich am Anfang bis zur Erreichung eines neuen Gleich-
gewichtes eine Art von Kontrastwirkung in der erhöhten Atmungsintensität zum Ausdruck kommt. Diese müßte dann nach einiger Zeit
abklingen. Länger ausgedehnte Versuche fehlen mir bis jetzt, da sie
bei den hohen Sommertemperaturen zu leicht der Gefahr des Verderbens
ausgesetzt sind. Es kommt ferner hinzu, daß wir, wie aus dem folgenden
Kapitel hervorgeht, in den weißen Teilen eine höhere Peroxydasekon-
zentration haben, deren Deutung hier nicht vorweggenommen werden
soll, über die aber doch so viel gesagt werden kann, daß ihr unter normalen Umständen keineswegs ein erhöhter energetischer Umsatz entspricht. Nun sind aber die vorstehenden Bestimmungen bei einer Temperatur von 28,4⁰ ausgeführt, einer Temperatur, die, wie später gezeigt
werden kann, bei einer Reihe von Objekten schon genügt, um ein Ergrünen einzuleiten und die bisher vorhandene Hemmung auszuschalten.
Es wäre denkbar, daß nach Fortfall der Hemmung durch die hohe
Versuchstemperatur die bisher wirkungslose hohe Fermentmenge bei
genügender Zuckerzufuhr in einem erhöhten Umsatz zum Ausdruck
kommt. Ich mußte leider davon absehen, die Versuche auch bei niederen Temperaturen durchzuführen, da mir kein geeigneter Kälte-
thermostat zur Verfügung stand.

Ich glaube jedoch unter den oben angeführten Gesichtspunkten sowie
unter Berücksichtigung der Atmungsquotienten in der erhöhten Atmungsintensität der mit Zucker ernährten weißen Blattstücke keine
Anomalie sehen zu sollen, sondern diese zwanglos als eine Folge der
größeren Verschiebung erklären zu können, die das normal eingestellte
Gleichgewicht des Stoffwechsels in den weißen Geweben durch Zucker
erfährt. Diese Fragen werden uns bei der Besprechung der Peroxydasen
noch einmal beschäftigen. Einstweilen mag als Resultat festgehalten werden, *daß die weißen Organe zwar normal schwächer atmen als die grünen,
daß sie jedoch auf eine Zuckerzufuhr mit einer Erhöhung ihrer Atmungsintensität antworten, die das Normalmaß der grünen Zellen sogar übertreffen kann.*

Damit scheint eine grundsätzliche Beziehung der niedrigen Atmungsintensität zu den Ursachen der Panaschüre nicht greifbar gegeben zu
sein. Entschieden ist allerdings dadurch die Frage noch nicht, ob der
normal niedrigere Atmungswert ganz allein auf Kosten der Zuckerdifferenz und damit auf das Ausbleiben der Assimilation zu setzen ist, oder
ob nicht doch noch, wie im vorstehenden schon kurz angedeutet wurde,
eine gewisse Bedürfnisfrage hier eine Rolle spielt. Die Zuckerversuche
beweisen lediglich, daß die weißen Gewebeteile zu einer maximalen
Atmung durchaus befähigt sind, der Überschwemmungseingriff muß

aber in diesem Sinne als brutal bezeichnet werden. Die von den weißen
Organen in ihrem normalen Umsatz erreichte Energie genügt offensichtlich zur Deckung eines Bedarfes, der Wachstum und Unterhalt aller
Lebensfunktionen mit Ausnahme der Chlorophyllsynthese in sich schließt
Es weist manches, vor allem auch die Befunde der Kohlehydratbestim-
mungen, darauf hin, daß das vorhandene Material in weit höherem
Maße energetisch verarbeitet werden könnte, ohne zu einer Hunger-
störung zu führen. Eine solche erhöhte Ausnutzung leitet man z. B.
bei *Brassica* ein, wenn man die Temperatur steigert. Das Resultat ist
ein Ergrünen. Für weitere Einzelheiten muß hier auf das Schlußkapitel
verwiesen werden.

IV. Fermente.

a) *Die Peroxydasen.*

Allgemeine Problemstellung.

Eiweiß, Kohlehydrate und Atmung ergaben bei ihrer vergleichenden
Untersuchung keine tiefergreifenden grundsätzlichen Beziehungen, die
ohne weiteres mit dem Ausbleiben der Chlorophyllbildung in ursächliche
Verbindung gebracht werden könnten. Sie erwiesen sich als über-
wiegend bedingt durch den Ausfall der Assimilation, deren zentrale Rolle
bei der Ausdeutung dieser Stoffwechseldifferenzen immer mehr in Erscheinung tritt.

Es blieb noch übrig, auch den Fermenten einige Aufmerksamkeit zu
schenken, zumal auch Sorauer (73) die Albicatio unter das Kapitel der
enzymatischen Krankheiten einreihte. Es war bereits bei der Besprechung des Eiweißstoffwechsels gezeigt worden, daß der Befund Pantanellis über die Anwesenheit abnormer Mengen von *proteolytischen Fer-*
menten nicht aufrecht erhalten werden kann, nachdem sich herausgestellt
hat, daß eine einfache Zuckerzufuhr genügt, um eine Eiweißsynthese her-
vorzurufen. Ähnlich scheinen aber die Verhältnisse auch für *Diastase* zu
liegen, die nach Pantanelli wenigstens bei einem Teil der panaschierten
Pflanzen im Weiß reichlicher vorhanden sein soll. Dazu sei auf die Ergebnisse von Saposchnikoff, Zimmermann und Winkler verwiesen,
wonach alle weißen Gebiete, die überhaupt noch Plastiden besitzen, auf
Zucker Stärke zu bilden vermögen. Dabei soll nach Angabe dieser
Autoren die Intensität der Stärkekondensation für grüne und weiße Teile
keine Unterschiede aufweisen. Eine Prüfung auf *Invertase*, die ich gelegentlich polarimetrisch für *Brassica* durchführte, ließ ebenfalls keine
konstanten Differenzen erkennen.

Wesentlich anders verhält es sich nun aber mit den *Peroxydasen*,
für die schon eine Reihe von Beobachtungen vorliegen. So konnte
Woods (90) 1899 nachweisen, daß panaschierte Blatt-Teile beträchtlich
mehr Peroxydasen enthalten als die grünen. Er machte diese oxydieren-

den Fermente geradezu verantwortlich für das Fehlen von Chlorophyll, indem sie teils seine Bildung verhindern, teils vorhandenes zerstören sollten. Seine Befunde wurden von PANTANELLI bestätigt, der die reichlich vorhandenen Oxydationsfermente zu den „stofflichen Agentien" stellte, die sich durch das Leptom der Bündel verbreiten und die Krankheit hervorrufen sollten. Er fand auch, daß sich die Peroxydasen besonders in älteren Organen (mit fortschreitender Panaschierung) anhäuften, während in den jugendlichen Organen mehr Oxydasen vorhanden sein sollten. In jüngster Zeit wurde die vermehrte Peroxydasemenge der weißen Blatt-Teile von BRESLAWEZ (13) noch einmal quantitativ bestätigt.

Bekanntlich wird nun namentlich von LÜBIMENKO (43) die Anschauung vertreten, daß Chlorophyll nur bei einer mittleren Intensität der oxydierenden Prozesse bestehen kann, und daß es zerstört wird, sobald diese ein gewisses Maß übersteigen. Dieser letztere Fall soll z. B. bei Blütenorganen und, wie schon WOODS annahm, speziell bei den panaschierten Pflanzen verwirklicht sein.

Nun weist aber SMIRNOW in seiner schon zitierten Arbeit (71) mit Recht darauf hin, daß es keineswegs erwiesen ist, daß Chlorophyll in der Pflanze durch eine Peroxydase zerstört werden kann. Die Angaben von WOODS müssen in diesem Punkt als durchaus ungenügend bezeichnet werden. SMIRNOW betont ferner, daß man entsprechend dem hohen Peroxydasegehalt einen erhöhten Atmungsstoffwechsel fordern müsse. Er selbst fand nun aber schon bei *Acer Negundo* eine niedrigere Atmungsintensität in den weißen Teilen und schloß daraus, daß die Albicatio bei *Acer* und vermutlich auch bei anderen panaschierten Pflanzen nicht durch eine erhöhte Oxydation bedingt sein kann.

Hier ist nun zunächst eine Klarstellung nötig. Man hat die Peroxydasen für eine Zerstörung des Chlorophylls verantwortlich gemacht, weil man sie in erhöhter Menge in den weißen Organen vorfand. Findet man sie aber in geringerer Menge, wie das SMIRNOW angibt, so scheidet diese Möglichkeit von vornherein aus. Seine Forderung nach einer erhöhten Atmungstätigkeit bei erhöhtem Peroxydasegehalt wäre in gewissem Maße berechtigt und wird durch seinen Befund an *Acer Negundo* auch bestätigt, indem hier eine niedere Atmungsintensität mit einem niedrigeren Peroxydasegehalt parallel geht. Er vermag aber diese Frage für die Panaschüre nicht zu entscheiden. Es kann nämlich nach den übereinstimmenden Angaben der erstgenannten drei Autoren nicht daran gezweifelt werden, daß in den meisten übrigen panaschierten Objekten tatsächlich mehr Peroxydase vorhanden ist. Ich selbst kann diese Angaben auch für meine Objekte bestätigen, ja auch für mein Exemplar von *Acer Negundo*. Ich muß daher den Befund SMIRNOWS über einen niedrigeren Peroxydasegehalt als eine eventuelle Ausnahme dahingestellt sein lassen.

Wir haben bei der Besprechung der Atmungsverhältnisse gesehen, daß die Intensität der CO_2-Ausscheidung unter normalen Bedingungen für die weißen Teile herabgesetzt ist. Die Frage bleibt also, wie sich dieser Befund mit der Tatsache einer erhöhten Peroxydasemenge vereinigen läßt. Darüber hinaus aber scheint es nötig, diese ganzen Fragen auf eine physiologische Grundlage zu stellen. Es geht nicht an, aus der Tatsache eines erhöhten Peroxydasegehaltes ohne weiteres auf eine kausale Rolle dieses Fermentes bei der Hemmung der Chlorophyllbildung zu schließen. Es wurde offenbar bisher übersehen, *daß diese Frage umkehrbar ist*, ja, daß es zunächst viel wahrscheinlicher erscheint, daß auch hier eine Folge und nicht eine Ursache der Panaschüre vorliegen könnte.

Die vermutliche Rolle der Peroxydasen bei der biologischen Oxydation.

Bevor jedoch auf diese Dinge näher eingegangen werden kann, muß einiges Grundsätzliche über die Natur der Peroxydasen vorausgeschickt werden. Es sei nachdrücklich darauf hingewiesen, daß alle Hypothesen über die Rolle der Peroxydasen bei panaschierten Objekten sehr vorsichtig bewertet werden müssen, solange die Funktion dieses Fermentes im normalen Stoffwechsel nicht nach allen Richtungen hin genau bekannt ist. Das ist aber bis heute leider nicht der Fall.

Bekanntlich sind ja auch unsere Anschauungen über den Mechanismus der biologischen Oxydation noch keineswegs geklärt. Immerhin beginnt sich aber doch allmählich eine Art Synthese der Gedanken WIELANDS und WARBURGS herauszuschälen, die kein einheitliches Fermentsystem annimmt, nicht nur WIELANDS Dehydrasen oder nur WARBURGS Eisensysteme mit ihrer Sauerstoffaktivierung, sondern, wie so oft in der Biologie, beides, in wechselnder Menge und Beziehung miteinander gekoppelt. OPPENHEIMER (55) schreibt in seinem Lehrbuch der Enzyme: „Es gibt mehrere Arten von enzymatischer Oxydation, je nach dem Verhältnis der Erhöhung des Oxydationspotentials des Sauerstoffs und des Dehydrierungspotentials des Wasserstoffs". BACH und CHODAT hatten für die Oxydation die Theorie von dem System der Oxydasen—Peroxydasen entwickelt. Eine Oxydase sollte mit Luftsauerstoff in ein organisches Peroxyd, ein sogenanntes Moloxyd, übergehen. Diese Oxygenase sollte nun, ähnlich wie H_2O_2, meist noch nicht befähigt sein, das Substrat direkt anzugreifen, sondern sich dazu der Peroxydase bedienen, die den aktivierten Sauerstoff an das zu oyxdierende Substrat anlagerte. Man neigt heute zum Teil dazu, die Hauptsache in der Wirkung der BACHschen Peroxyde den Eisensystemen WARBURGS zuzuschreiben und trennt die Atmungschromogene PALLADINS, die keine echten Peroxyde, sondern Chinone (eventuell auch unter Vermittlung von Eisen?) bilden, hier ab. WIELAND sieht nun in der Peroxydase nichts anderes als eine

Dehydrase, da weder Luftsauerstoff noch aktivierter Sauerstoff in H_2O_2 für sich zur Oxydation fähig ist, vermag aber freilich dann in seiner Theorie die spezifische Einstellung der Peroxydase auf H_2O_2 als Akzeptor schwer zu erklären. Einen Ausweg böte hier nur die oben angedeutete Kombination mit WARBURGs Theorie, also nicht nur die H-Aktivierung, sondern gleichzeitig auch O-Aktivierung, wobei Peroxydase H und O in sich zu H_2O vereinigte.

Nach den neuesten Ergebnissen von WILLSTÄTTER (88) muß aber jetzt angenommen werden, daß die Dehydrasefunktion der Peroxydase fehlt. Vielmehr scheint die Peroxydase die Peroxyde, sei es H_2O_2, seien es WARBURGs Eisenperoxyde oder gar Moloxyde im Sinne BACHS, an sich zu binden, wodurch das bereits hohe Oxydationspotential des Peroxydes einen zweiten Hub erfährt, der es nun befähigt, das Substrat direkt anzugreifen. Es würde also eine katalytische Dehydrierung entbehrlich, das mangelnde Dehydrierungspotential könnte geradezu ersetzt werden durch eine besonders starke Erhöhung des Oxydationspotentials, das allein genügte, die Reaktion im Gange zu halten. Wir hätten demnach bei der biologischen Oxydation zunächst Peroxyde (ohne auf ihre Entstehung weiter Rücksicht zu nehmen) anzusetzen, die in manchen Fällen schon allein befähigt sind, oxydierend zu wirken. In anderen Fällen genügt dieses Potential noch nicht, es muß entweder eine H-Aktivierung im Sinne WIELANDs eintreten, wie das für viele Abbauprozesse der Zelle der Fall sein dürfte, oder eine weitere Potentialerhöhung des Peroxydsauerstoffs, welch letzteres die eigentliche Aufgabe der Peroxydasen wäre.

Halten wir letzteres fest, so ergeben sich aber bestimmte Möglichkeiten, die Anwesenheit bestimmter Peroxydasemengen zu erklären. Sie können, was am nächstliegenden ist, vermehrt werden, wenn der gesamte Betriebstoffwechsel gesteigert ist. Aus dieser Annahme resultiert die SMIRNOWsche Forderung eines Parallelgehens von Atmungsintensität und Peroxydasegehalt. Peroxydasen können aber auch vermehrt werden, wenn eine oxydative Schwierigkeit auftritt, wenn entweder das Dehydrasensystem WIELANDs geschwächt ist, oder das Oxydationssystem WARBURGs nicht voll leistungsfähig arbeitet, oder wenn überhaupt andere Stoffe verarbeitet werden müssen, deren Oxydation ein erhöhtes Potential erfordert. Man könnte sogar daran denken, daß schon ein Mangel an Betriebsmaterial physiologisch mit einer Erhöhung des Oxydationspotentials beantwortet wird. In all diesen Fällen aber wird von einem Parallelismus zwischen Peroxydasengehalt und Atmungsintensität nichts zu bemerken sein. Unter diesen Gesichtspunkten mögen die folgenden Versuche, die vorwiegend mit *Brassica oleracea* ausgeführt wurden, betrachtet werden.

Methodik. Zunächst kurz einiges zur Methode. Die Abhängigkeit der Fermentwirkung vom p_H ist bekannt. Es fragt sich aber, ob man, namentlich bei vergleichenden Untersuchungen, immer physiologisch eindeutige Resultate erhält, wenn man diese Messungen stets auf eine bestimmte Konzentration abstimmt. Tritt bei irgendeinem Prozeß eine Verschiebung der Wasserstoffionenkonzentration ein, so wird sich das auf die Menge der aktiven Peroxydase auswirken können. Es kann daher eine p_H-Änderung für den Chemismus der Zelle ein Anwachsen oder eine Abnahme der wirksamen Peroxydase trotz absoluter Mengenkonstanz bedeuten, die nicht erkannt wird, wenn die Fermentbestimmung bei einer durch Pufferung konstant festgelegten p_H-Zahl ausgeführt wird.

Hinzu kommt, daß das p_H-Optimum wahrscheinlich nicht so sehr vom Enzym selbst, als von der enzymatischen Reaktion abhängig ist (UCKO und BANSI [77]). Trotzdem dürfen natürlich größere Differenzen nicht ganz vernachlässigt werden. Ich habe wiederholt vergleichende elektrometrische p_H-Bestimmungen des weißen und grünen Gewebes, teils im Preßsaft, teils in wässerigen Auszügen, gemacht, ohne größere Unterschiede in konstanter Richtung zu finden. Nachstehend seien für einige meiner Objekte verschiedene Werte aufgeführt:

Tabelle 15.

p_H	Acer Negundo (Preßsaft)	Cornus alba (Preßsaft)	Sambucus nigra (Preßsaft)	Brassica oleracea (wässer. Auszug)	Brassica oleracea (wässer. Auszug)
Weiß	2,67	4,09	5,64	4,56	5,67
Grün	2,54	4,13	5,45	4,72	5,51

Unter diesen Umständen sah ich für meine vergleichenden Untersuchungen von einer Pufferung ab. Dagegen schien mir ein einfacher Wasserauszug zur Gesamterfassung der Peroxydase nicht genügend. Ich habe wiederholt mit Filterrückständen noch sehr starke Reaktionen erhalten. Es geht auch aus den Isolierungsarbeiten WILLSTÄTTERS (82—88) hervor, daß die Peroxydase nicht so ohne weiteres quantitativ in das Lösungswasser herausdiffundiert. PALLADIN (58) nimmt ja zwei Peroxydasen an, eine im Zellsaft, und eine im Plasma lokalisiert. WILLSTÄTTER hat in einer seiner Arbeiten ähnliche Anschauungen diskutiert. So ging ich dazu über, das Untersuchungsmaterial in Suspension zu verwenden, ähnlich, wie es WILLSTÄTTER für orientierende Bestimmungen bei Meerrettich angibt.

Zu diesem Zweck muß jedoch das Blattmaterial vorher von ätherlöslichen Stoffen, Farbstoffen, Fetten usw. befreit werden. Dazu wurden die gewogenen Blatt-Teile in glatten gläsernen Mörsern rasch zerrieben und mittels eines Heißluftapparates bei einer Temperatur von 35—40° angetrocknet. Nach längstens einer halben Stunde läßt sich das vollkommen trockene Material mit einem Skalpell abschaben und wird nun 12—24 Stunden im Soxhlet mit reinem, wasserfreiem Äther ausgezogen. Dann wird der Rückstand nach eventuell nochmaligem sorgfältigem Zerreiben mit Wasser (1 : 50 vom Frischgewicht) angeschwemmt und nun nach der bekannten, von BACH (3) ausgearbeiteten Methode weiter behandelt: Zusatz von 5 ccm 10%iger Pyrogallollösung und 5 ccm 1%igem Wasserstoffsuperoxyd, 12—15 Stunden im Thermostaten bei 30°. Man hat hier freilich zu beachten, daß, wie WILLSTÄTTER hervorhebt, auf diese Weise eventuell mit einer Hemmung der Peroxydase durch das Substrat zu rechnen ist, und nur bestimmt wird, wieviel die vorhandene Peroxydase bis zu dieser eventuellen Hemmung durch das zugesetzte Substrat zu leisten vermag. Da es sich bei meinen Versuchen jedoch nur um Vergleiche handelt und sorgfältig darauf geachtet wurde, daß die Vergleichshälften unter ganz gleichen Bedingungen verarbeitet wurden, so darf angenommen werden, daß das Verhältnisbild davon unberührt bleibt. Nach der Purpurogallinbildung wird abfiltriert, das Filter gut gewaschen, getrocknet und abermals ausgeäthert. Die ätherische Purpurogallinlösung wird abgedampft und das Purpurogallin nach dem Auflösen in Schwefelsäure in üblicher Weise mit $\frac{n}{10}$ KMnO$_4$ titriert. Die im folgenden angegebenen Werte bedeuten zur Oxydation des Purpurogallins verbrauchte ccm $\frac{n}{10}$ KMnO$_4$ auf 1 g Frischgewicht.

Experimenteller Teil.

Daß in den weißen Organen mehr Peroxydasen vorhanden sind, als in den grünen, ist, wie schon erwähnt, bekannt. Nur Smirnow kommt bei *Acer Negundo* zu gegenteiligen Ergebnissen. Nachstehend seien zur Orientierung für drei Objekte einige Werte angegeben.

Tabelle 16.

Peroxydase: ccm KMnO$_4$	*Brassica oleracca*		*Abutilon Sawitzer*		*Acer Negundo*	
Weiß	53,0	15,6	56,4	102,7	93,4	92,2
Grün	27,7	6,1	19,4	67,9	72,0	77,7

Es sind hier für jedes Objekt zwei Werte angeführt, die zeigen sollen, daß die absolute Höhe der Peroxydasen keine Konstante ist, vielmehr nicht nur von Objekt zu Objekt sehr starken Schwankungen unterliegt, sondern auch am einzelnen Exemplar derselben Art namentlich für verschiedene Blattalter größere Unterschiede aufweist (vgl. auch die Differenz in den zwei Messungen von Smirnow). Immer aber ist eine deutliche Differenz zwischen den weißen und grünen Blatteilen unabhängig von der absoluten Höhe vorhanden. Letzteres gilt allerdings nicht ganz allgemein, da der Vermehrung der Peroxydasen natürlich gewisse Grenzen gesetzt sind, so daß bei künstlich erzwungenen Maximalwerten eine Annäherung erfolgen muß, die ich einige Male beobachtet habe. Wie weit beim selben Objekt die Werte unter verschiedenen Bedingungen schwanken können, zeigt eine Zusammenstellung aus verschiedenen Versuchen an *Brassica oleracea*:

Tabelle 17.

ccm KMnO$_4$	*Brassica oleracea*								
Weiß	9,6	15,6	17,1	27,7	33,0	42,8	48,5	53,0	80,2
Grün	—	6,2	9,4	28,6(!)	—	22,9	23,7	27,6	51,8

Eine Untersuchung von Blättern verschiedenen Blattalters an derselben Pflanze ergab folgende Werte:

Tabelle 18.

Knospe etwa 2 cm lang, weiß		Mittleres Blatt 15 cm, gelbgrün gescheckt	Altes Blatt, tief dunkelgrün
4,9	15,7	78,6	74,0

Daraus läßt sich aber folgendes entnehmen: SMIRNOW (71) weist darauf hin, daß in den Werten von BRESLAWEZ zwischen verschiedenen Objekten absolut doch recht große Sprünge bestehen, daß z. B. die Differenzen zwischen den grünen Teilen von *Billbergia* und *Evonymus* sich verhalten wie 2,6 : 22,5, d. h. viel größer sind als die Unterschiede zwischen dem weißen und grünen Gewebe derselben Art und desselben Organs. Dasselbe läßt sich nun aus meinen Zahlen sogar für Objekte derselben Art, ja für Teile derselben Pflanze, beobachten.

SMIRNOW zog schon aus den Werten von BRESLAWEZ den Schluß, daß demnach die absolute Menge der Peroxydase nicht für die Zerstörung des Chlorophylls verantwortlich gemacht werden könne, und ich kann mich auf Grund meiner eigenen Beobachtungen dem nur anschließen. Ich habe in alten, tief grünen und grün bleibenden Blättern von *Brassica* so hohe Werte gefunden, wie sie in den weißen Teilen nur selten auftreten (vgl. Tabelle 18), ohne daß diese grünen Blätter jemals auch nur Spuren einer Chlorophyllzerstörung gezeigt hätten. Es ist ja bekannt, daß in älteren Organen oxydative Prozesse die Synthesen überwiegen, und es kann darum eine Erhöhung des Peroxydasegehaltes mit fortschreitendem Alter schon deshalb nicht wundernehmen.

Hätte die Peroxydasemenge mit der Hemmung oder Zerstörung des Chlorophyllaufbaus irgend etwas zu tun, so ließe sich ferner erwarten, daß das Ferment dort, wo die Entscheidung fällt und die „Zerstörung" eintritt, besonders reichlich vorhanden sein müßte, daß es sich also in den rein weißen Knospen, die bei *Brassica* besonders leicht auf eine Temperaturverschiebung reagieren, in erhöhtem Maße finden würde. Das ist aber gerade hier nicht der Fall, der Peroxydasegehalt der jüngsten weißen Blättchen ist hier besonders niedrig (Tabelle 18 gibt noch einen zweiten, aber immerhin absolut niedrigen Wert einer späteren Analyse an). *Außerdem ist eine richtige Chlorophyllzerstörung bei Brassica und manchen anderen panaschierten Pflanzen überhaupt nicht zu beobachten, sondern lediglich eine Hemmung der Synthese.* Die Blätter der Kohlvarietät behalten, wenn die Temperatur nicht erhöht wird, die Farbe, mit der sie angelegt werden, bei, auch hellgrüne und gelbliche Gebiete verharren bis zuletzt in ihrem Zustande. (Näheres Kapitel V.) Auf Grund all dieser Beobachtungen möchte auch ich *eine Zerstörung oder auch nur eine direkte Hemmung der Synthese des Chlorophylls durch Peroxydasen ablehnen.* Dabei bleibt jedoch die auffällige Differenz im Fermentgehalt zwischen weißen und grünen Zellen bestehen und fordert eine Erklärung.

Ich habe nun zunächst verfolgt, ob und in welchem Sinne sich der Peroxydasengehalt verändert, wenn ein panaschiertes Objekt ergrünt. Der Umstand, daß weiße Zellen trotz ihres erhöhten Fermentgehaltes überhaupt ergrünen können, ließ diese Frage auch für unsere vorstehende

13*

Erörterung interessant erscheinen. In Anbetracht der beträchtlichen Peroxydasenschwankungen selbst am gleichen Objekt wurden sämtliche im folgenden beschriebenen Versuche an einem, höchstens an zwei und dann möglichst gleich großen und gleichaltrigen Blättern durchgeführt, indem als Vergleich die jeweiligen Blatthälften benutzt wurden. Bringt man nun eine auf Wasser schwimmende Blatthälfte ins Warmhaus, so beginnt sie nach etwa 3 Tagen deutlich zu ergrünen, während die andere Vergleichshälfte im Kalthaus vollständig weiß verbleibt. Die Temperaturunterschiede betrugen bei dem in Tabelle 19 durchgeführten Versuche 15 bzw. 28°.

Tabelle 19.

Brassica oleracea	Weiß	Weiß	Weiß	Grün
4 Tage Kalthaus I	51,2 (5°)	78,4 (5°)	27,7 (2°)	28,6 (2°)
4 Tage Warmhaus II	33,0 (20°)	54,5 (20°)	17,1 (30°)	9,4 (30°)

Man sieht hier einen deutlichen Rückgang des Peroxydasengehaltes bei erhöhter Temperatur, unabhängig von der ursprünglichen Höhe des Anfangswertes, abhängig offenbar von dem Temperaturintervall. Dieser Rückgang ist nun aber nicht etwa auf die weißen Gebiete beschränkt, sondern verläuft auch in den grünen Rändern, und hier sogar mit größerer Intensität, wie ein Vergleich der beiden letzten Spalten zeigt, deren Werte sich auf dasselbe Blatt beziehen. Hier sinkt der Gehalt an Peroxydase in Weiß um 38%, in Grün aber um 67% seines hier relativ hohen Anfangswertes.

Diese Befunde zeigen zunächst, daß die Abnahme der Peroxydase nicht in einem unmittelbaren Verhältnis zur Chlorophyllsynthese steht, sondern in viel höherem Maße auch in bereits grünen Zellen erfolgt. Zur Erklärung dieser letzten Erscheinung wird man zu beachten haben, daß die grünen Teile bei einer Temperaturerhöhung sowohl stärker atmen als auch assimilieren werden. Beide Vorgänge könnten gleichsinnig wirken oder sich irgendwie überschneiden.

Bevor jedoch auf diese Dinge näher eingegangen werden kann, ist es nötig, noch einmal die Vorstellung von einer Änderung des Peroxydasengehaltes zu erörtern. Es liegt im Wesen des Fermentbegriffes als eines Katalysators, daß die Menge im Verlauf des katalysierten Prozesses konstant bleibt. Wir kennen allerdings auch Induktionen, und vielleicht sind die Grenzen zwischen beiden nicht immer scharf zu trennen. Ferner kennen wir zahlreiche Beispiele einer Hemmung und Reaktivierung von Fermenten, so daß es nicht leicht, ja eigentlich unmöglich ist, eine klare Entscheidung zu treffen. Im allgemeinen nahm man bisher wohl an, daß unter konstanten äußeren und inneren Bedingungen einem erhöhten Umsatz eine erhöhte Fermentproduktion entspricht. Nun wurde aber schon früher erwähnt, daß diese Deutung bei den weißen

Geweben mit ihrem schwächeren Stoffwechsel auf Schwierigkeiten stößt. Andererseits sehen wir, daß in den grünen Gebieten bei zweifellos erhöhtem Betrieb eine Abnahme im Fermentgehalt erscheint.

Hier wird nun eine Deutung möglich, wenn man annimmt, daß nicht nur das Ausmaß, sondern auch der Mechanismus des Prozesses einen Einfluß auf die Höhe der Peroxydasen ausüben. Setzen wir einmal versuchsweise die Fermentmenge gleich mit dem Oxydationspotential, so kann eine Erhöhung erfolgen entweder, wenn der Oxydationsprozeß selbst eine Erschwerung erfährt, oder aber, wenn sich das Substrat in seinem Dehydrierungspotential ändert. Desgleichen kann angenommen werden,.daß, wenn diese Schwierigkeit der Funktion oder des Materials wegfällt, auch die Fermentmenge dem sich anpaßt und zurückgeht. Nun werden ja die Oxydationsprozesse durch Temperaturerhöhung ganz wesentlich gesteigert, so daß nach VAN 'T HOFF bei einer Erhöhung um 20^0 mit einem 2—3fachen Umsatz gerechnet werden kann. Dies kann einer Erleichterung des Betriebes gleichkommen, so daß auf diese Weise schon der allgemeine Rückgang von an und für sich hohen Fermentmengen denkbar wäre. Die Möglichkeit einer Induktionswirkung im selben Sinne wurde schon angedeutet.

Es kommt jedoch — und die Beobachtung des intensiveren Rückganges der Peroxydasen in den grünen Teilen legt diesen Gedanken besonders nahe — noch die zweite oben angeführte Möglichkeit einer Substratänderung hinzu. Es wird ja bei einer Temperaturerhöhung, wie sie in diesen Versuchen angewandt wurde, nicht nur der Atmungsprozeß gesteigert werden, sondern auch die Intensität der CO_2-Assimilation eine Steigerung erfahren. Nun dürften aber im Assimilationsprozeß wahrscheinlich Körper entstehen, die einer energetischen Verarbeitung leichter zugänglich sind als fertige Zucker. Dieser zweite Faktor vermöchte sehr wohl die Überlegenheit der grünen Organe sowohl normal als auch in unseren Versuchen zu erklären. Erwägungen dieser Art leiteten zu den folgenden Untersuchungen über, die einen etwaigen Einfluß der Assimilation auf den Peroxydasegehalt prüfen sollten.

Zu diesem Zwecke wurden wiederum Blatthälften 4 Tage unter CO_2-Entzug im Warmhaus bei normaler Beleuchtung gehalten. Eine Chlorophyllverfärbung war zu Ende des Versuches noch nicht eingetreten, ebensowenig aber eine Chlorophyllbildung in den weißen Gebieten. Das Ergebnis zeigt Tabelle 20:

Tabelle 20.

Brassica oleracea	Anfangswert	CO₂-Entzug	Anfangswert	CO₂-Entzug
Weiß	42,8	80,2	53,0	? ($>$50)
Grün	22,9	51,8	27,7	51,2

Wir sehen hier, daß unter diesen Bedingungen nicht nur kein Rückgang, sondern sogar ein beträchtlicher Anstieg der Peroxydasen erfolgt, trotzdem hier die Atmungsintensität durch die Temperaturerhöhung wie im ersten Versuch gesteigert war. Demnach scheint also tatsächlich eine *Beziehung zwischen der Peroxydasenhöhe und dem Assimilationsprozeß bzw. dem Substrat im Sinne der obigen Darlegung zu bestehen.* Schwierigkeiten macht hier nur das gleichzeitige Ansteigen auch in den weißen Teilen, das durch irgendeinen Einfluß der grünen hervorgerufen werden muß.

In Verfolgung des ganzen sich hier andrängenden komplizierten Fragenkomplexes wurde vor allem die Frage beachtet, ob es nicht etwa auch der Assimilationsprozeß selbst ist, — und die allseitige Annahme einer Peroxydbildung bei der CO_2-Assimilation läßt ja die Beteiligung von Peroxydasen am Mechanismus dieses Prozesses nicht so ganz unwahrscheinlich erscheinen —, der bei seiner Sistierung die Veränderung im Fermentgehalt hervorruft, oder ob es lediglich die Bildung bzw. der Ausfall der Assimilationsprodukte und deren energetische Verarbeitung sind, die hier entscheidend mitspielen. Da nach den Theorien NOACKs (52, 53) bei CO_2-Entzug im Licht mit der oxydativen Wirkung eines photochemischen Peroxyds zu rechnen ist, wurde der Einfluß eines einfachen Abdunkelns untersucht. Es ergab sich, daß *durch eine Verdunkelung der Blätter sich genau dieselbe Erscheinung erzielen läßt wie bei einem Entzug der Kohlensäure im Licht*: die Peroxydase steigt an.

Tabelle 21.

Brassica oleracea	Anfangswert	5 Tage warm verdunkelt	Rein grüne Blätter verdunkelt
Weiß	15,6	48,5	hell: 5,6
Grün	6,2	23,7	dunkel: 12,4

Wiederum sind hier bei dem Anstieg die weißen Teile mit beteiligt, so daß es nicht zu einem Ausgleich kommt. *Trennt man sie jedoch von den grünen Rändern ab, so hat das Verdunkeln einen wesentlich geringeren Einfluß:*

Tabelle 22.

Weiße Teile isoliert 4 Tage warm		Ganze Blatthälfte 4 Tage warm verdunkelt (a)		Blatthälfte in Weiß und Grün getrennt verdunkelt (b)	
Hell (ergrünend)	38,7	Weiß	97,1	Weiß	52,8
Dunkel	46,6	Grün	30,5	Grün	49,8

Diese Wechselbeziehung zwischen den weißen und grünen Teilen scheint recht komplizierter Natur zu sein, so daß wir einstweilen lediglich auf Vermutungen angewiesen sind. Vielleicht spielen Ableitungsfragen hier eine Rolle, da ja die grünen Gebiete am Rande liegen.

Eine Zeitlang habe ich auch den Gedanken erwogen, daß der Assimilationssauerstoff an der Fermentverschiebung beteiligt sein könnte.

Dementsprechende Versuche im Vakuum im Dunkeln zeigten jedoch, daß ein O_2-Entzug keineswegs eine Erhöhung der Peroxydasen hervorruft. Ein 12stündiger Aufenthalt im Vakuum zeitigte überhaupt keine Veränderung der Fermentmenge, länger währende Versuche (24—48[h]) bewirken sogar eine Abnahme der Peroxydasen. Dabei ist es schwer, zu entscheiden, ob diese Abnahme durch die vermehrte Bildung stark reduktionsfähiger Körper bedingt, oder ob nicht doch schon eine latente Schädigung durch intramolekulare Atmung eingetreten ist [1].

Ich möchte die vorstehenden Untersuchungen als einen ersten Vorstoß in das noch völlig unbekannte Gebiet der Blattfermente betrachten. Es wird eine Aufgabe späterer Arbeiten sein, diese Dinge am normal grünen Blatt noch einmal von Grund auf anzugreifen.

Hier interessiert ja vorläufig nur die Beziehung, die sich aus all dem zu unserer Grundfrage der Panaschüre ergibt. Wir sehen jedenfalls, daß eine Sistierung der Assimilation zu einer Erhöhung des Peroxydasengehaltes führen kann, die in keiner photochemischen Reaktion ihre direkte Ursache hat, sondern irgendwie auf eine Beziehung zwischen Peroxydasen und Assimilationsprodukten deutet. Intensive Assimilation wirkt trotz eines durch die Temperatur gesteigerten Umsatzes einer Erhöhung des Peroxydasegehaltes entgegen. Ich habe *Brassica*-Pflanzen, die nach vollständiger Ergrünung noch einige Wochen im Warmhaus gehalten wurden, auf ihren Peroxydasengehalt hin untersucht und ganz ausnehmend geringe Werte gefunden (3 ccm gegen eine Normalzahl von 15—30 ccm). Besteht aber eine solche Beziehung, so kann es nicht wundernehmen, wenn wir normalerweise in den weißen Blattteilen, die nicht assimilieren, mehr Peroxydasen vorfinden als in den grünen. Es ist das einfach eine Folge des veränderten Stoffwechsels. In welcher Weise wir uns dabei die Funktion der Peroxydase vorzustellen haben, war im vorstehenden schon dargelegt worden.

Ziehen wir unsere Ergebnisse der Atmungsbestimmungen heran, so kann gesagt werden, daß hier eben *keineswegs stets eine Beziehung zwischen der Höhe der Atmungsintensität und der Fermentmenge im Sinne* Smirnows *entscheidend wirksam ist*, besser noch, daß es nicht die einzige Beziehung ist, sondern *mehr als das rein quantitative Ausmaß die quali-*

---

[1] Es darf hier vielleicht erwähnt werden, daß Blätter gegen O_2-Entzug eine sehr verschiedene Widerstandsfähigkeit besitzen. Dabei scheint eine Beziehung zwischen pH und der Fähigkeit, intramolekular länger atmen zu können, in der Weise zu bestehen, daß Pflanzen mit hoher Azidität am empfindlichsten gegen Sauerstoffmangel sind. Ich habe in einem Versuch beobachtet, daß von 4 Objekten im selben Vakuumkolben nach 40stündiger intramolekularer Atmung *Begonia* ($p_H = 1{,}6$) vollständig vernichtet war, *Acer Negundo* ($p_H = 2{,}5$) lokale Schädigung zeigte, während *Cornus* ($p_H = 4{,}1$) und *Sambucus* ($p_H = 5{,}5$) vollständig frisch geblieben waren. Dieselbe Erscheinung beobachtete Wetzel an *Begonia* in einem noch nicht veröffentlichten und quantitativ erfaßten Versuch.

tative Beschaffenheit des Prozesses und des zu veratmenden Materials die Höhe der Peroxydasen beeinflussen kann.

Dabei hat man wohl zu beachten, daß hier mehrere Ursachen in mannigfaltiger Weise entgegen und zusammenwirken können. Wir sahen ja bei Besprechung der Atmungsversuche, daß eine Zuckerfütterung ohne weiteres mit einer gewaltigen Erhöhung der Atmungsintensität beantwortet wird. Für die weißen Teile kann das vielleicht nur eine quantitative Verschiebung eines qualitativ gleichbleibenden Prozesses sein. Nach SMIRNOW müßte sie von einer gleichmäßigen Erhöhung der Peroxydasen gefolgt sein. Nun konnte ich wohl beobachten, daß bei einer Zuckerfütterung in der Wärme das mit Zucker ernährte und etwas rascher ergrünende Blatt eher einen etwas höheren Peroxydasengehalt zeigt als die Vergleichshälfte auf Wasser. Andererseits aber haben wir allein durch die Temperatursteigerung, die die Atmungsintensität ja beträchtlich hochdrückt, einen Rückgang, und besonders stark da, wo die Assimilation in Gang bleibt. Hier überschneiden sich ganz sichtlich mehrere Vorgänge. Es erscheint mir müßig, hier weitere Spekulationen anzuschließen, bevor nicht weiteres experimentelles Material der grundlegenden Vorgänge bekannt ist.

Für meine Sonderfrage der Panaschüre glaube ich aber aus all dem den Schluß ziehen zu können, daß kein einziger wirklicher Grund vorliegt, eine ursächliche Beziehung zwischen Peroxydasen und Ausbleiben der Chlorophyllsynthese anzunehmen, wie sie von den früheren Forschern angenommen wurde. Halten wir die Beziehung zwischen Peroxydasen und Assimilationsprodukten unter Berücksichtigung der leicht verschiebbaren Atmungsintensität fest, so erscheint eine Erhöhung des Oxydationspotentials in den weißen Gebieten fast als eine notwendige Folgerung. Wieweit sich darin auch eine gewisse Trägheit des normalen Betriebes ausspricht, mag vorläufig dahingestellt bleiben (vgl. das Kapitel der Atmung und das Schlußkapitel).

b) Die Katalase.

Die vermutliche Rolle der Kalalase bei der biologischen Oxydation.

Die im vorstehenden entwickelte Anschauung erfährt nun eine weitere interessante Beleuchtung durch das Studium über die Verteilung der Katalase. Untersuchungen über dieses Ferment sind bis jetzt an panaschierten Objekten noch nicht vorgenommen worden. Die Schwierigkeiten, den Ergebnissen eine klare Ausdeutung zu geben, solange die Funktion eines Fermentes nicht eindeutig bekannt ist, gelten in fast erhöhtem Maße auch hier. Darum muß auch hier zunächst kurz das Wesentliche in den Vorstellungen über die Tätigkeit der Katalase herausgestellt werden.

Im Mittelpunkt der ganzen Frage nach der Funktion der Katalase steht die biologische Rolle des H_2O_2 in der Zelle. Wir finden bekanntlich in der Zelle niemals H_2O_2, wohl aber überall dieses Ferment, das sehr energisch H_2O_2 zerlegt, und zwar, soweit wir heute wissen, nur H_2O_2, wobei wahrscheinlich molekularer Sauerstoff abgespalten wird.

Schon diese Einschränkungen zeigen, wie unsicher hier noch alles fundiert ist. WIELAND nimmt nun an, daß bei der Dehydrierung aus aktivem H und molekularem O_2 der Luft als Akzeptor H_2O_2 entsteht (in Analogie mit der Palladium-Knallgaskatalyse), das stets und quantitativ durch Katalase zerlegt werden muß, wenn nicht eine tödliche Zellvergiftung eintreten soll. Die Wirkung der Blausäure auf alles organische Leben erfolgt nach ihm durch eine Lähmung der Katalase, der tödliche Ausgang ist eine H_2O_2-Vergiftung.

Demgegenüber steht WARBURG auf einem gänzlich anderen Standpunkt: die Cyanwirkung besteht in einem Angriff an seinen Eisensystemen und hat mit Katalase nichts zu tun, und H_2O_2 entsteht nicht, ja kann im primären Atmungsvorgang gar nicht entstehen, weil die Reaktion nicht mit molekularem Luftsauerstoff ($2H + O_2 \rightarrow H_2O_2$), sondern nach Aktivierung des Sauerstoffs nach der Gleichung: $H_2 + O \rightarrow H_2O$ verläuft.

Nun bestände allerdings die Möglichkeit, worauf vor allem von BACH und CHODAT hingewiesen wird, daß H_2O_2 auch aus einem Peroxyd und Wasser entstehen könnte, und zwar dann, wenn bei der Peroxydbildung nicht sofort genügend aktivierter H zur Verfügung stände. Wir können also von der Auseinandersetzung WIELAND-WARBURG über den Mechanismus des Prozesses absehen und in beiden Fällen die Rolle der Katalase in einer Entgiftung etwaiger überschüssiger Peroxyde sehen. Dies scheint ziemlich wahrscheinlich *eine* Funktion der Katalase zu sein.

Es sind aber doch auch andere Ansichten geäußert worden, die die Hauptaufgabe der Katalase in einer anderen Richtung suchen. Abgesehen von einer engeren Mitwirkung im eigentlichen Oxydationsprozeß vermutet z. B. EWALD für die Blutkatalase, daß sie gebundenen Sauerstoff, der nicht weiter benutzt werden kann (also eben z. B. überschüssige Peroxyde) molekular wieder abspaltet und so den Geweben zu einer anderweitigen abermaligen Aktivierung zur Verfügung stellt. In diesem Sinne wäre die Katalase ein sauerstoffsparendes und verteilendes Ferment.

Dieser kurze Überblick mag genügen, eine klare Entscheidung über die Funktion ist zur Zeit noch nicht möglich. Wir wissen nur so viel sicher, daß die Kalatase im allgemeinen biologischen Oxydationssystem eine bestimmte und lebensnotwendige Aufgabe erfüllt, die wir in ihren Einzelheiten noch nicht exakt erkennen, und wollen nun versuchen, wie weit sich unser Spezialfall der panaschierten Pflanze den oben skizzierten Anschauungen einordnen läßt.

Methodik. In den nun zu beschreibenden Katalaseversuchen wurde das Wasserstoffsuperoxyd jodometrisch bestimmt, nachdem die namentlich von den russischen Autoren bevorzugte Permanganatmethode mit meinem Blattmaterial verhältnismäßig unscharfe Umschlagspunkte ergab. Verschiedene Kontrollbestimmungen mit inaktivierten Blatt-Teilen zeigten, daß das H_2O_2 innerhalb der angewandten Versuchszeit quantitativ zurücktitriert werden kann, ohne daß eine irreversible Jodbindung durch die Substanz zu befürchten ist. Der Endpunkt der Titration ist sehr scharf zu erkennen. Die Versuche wurden in der Weise ausgeführt, daß meist 0,1 g Frischgewicht im Mörser sorgfältig zerrieben wurde, bis mit bloßem Auge keine geformten Bestandteile mehr erkennbar waren, worauf der Brei mit 50 ccm Wasser in eine Flasche mit eingeriebenem Glasstopfen quantitativ übergespült wurde. Sodann werden 2 ccm einer 1%igen säurefreien H_2O_2-Lösung (= 20 mg H_2O_2 titriert) zugegeben und nach einer gewissen, vom Objekt abhängigen Zeit durch Zugabe von Schwefelsäure inaktiviert. Die Versuchszeit und -menge wurden so gewählt, daß nach der Inaktivierung ungefähr die Hälfte des zugesetzten H_2O_2 zersetzt war. Nach Zugabe von Jodkali wird nach Verlauf einer halben Stunde mit $\frac{n}{10}$ $Na_2S_2O_3$ titriert.

Bezüglich der Bedeutung des p_H für die vergleichende Untersuchung sei auf das vorhergehende Kapitel verwiesen. Es zeigte sich jedoch bei der Durchprüfung einer größeren Zahl von Objekten, daß die Katalase schon durch die Azidität des eigenen Zellsaftes unter Umständen fast quantitativ gehemmt oder zerstört werden kann. Verarbeitet man z. B. Blätter von *Acer Negundo* ($p_H = 2,5$) oder von Begonien auf die oben angegebene Weise, so bleibt jegliche Katalasetätigkeit aus, und das zugesetzte H_2O_2 wird nach einer Stunde noch quantitativ zurücktitriert. Es ist dies ein Teilgebiet der beim Studium der Säurepflanzen auftretenden interessanten Frage nach den Wechselbeziehungen des alkalischen Plasmas zu einem Zellsaft von so hoher Azidität. Die Empfindlichkeit solcher Pflanzen gegen intramolekulare Atmung (vgl. S. 199) steht möglicherweise damit in Zusammenhang. In all den Fällen, wo eine solche Störung zu befürchten war, wurde daher das Material unter Zugabe von 10 ccm eines auf $p_H = 7,6$ (ungefähres Wirkungsoptimum der Katalase) abgestimmten Phosphatpuffers zerrieben und ergab dann stets das den Pflanzen mit weniger saurem Zellsaft entsprechende Bild. Zur Kontrolle der Methodik wurde gelegentlich eine manometrische Bestimmung herangezogen, wobei sich volle Übereinstimmung ergab.

Experimentelles.

Über die Verteilung der Katalase in einem panaschierten Blatte kann man sich unter Umständen schon makroskopisch unterrichten, wenn man einen Schnitt aus einem Grenzgebiet zwischen weißem und grünem Gewebe in eine Lösung von H_2O_2 legt. Man sieht dann alsbald aus den grünen Zellen sehr lebhaft Sauerstoffblasen aufsteigen, während sich an den weißen Teilen nur spärliche Gasperlen zeigen. Besonders anschaulich wird dieses Bild, wenn man den Schnitt mit etwas alkoholischer Guajakharzlösung betupft, wie das bei Anstellung der Peroxydasenprobe üblich ist. In Tabelle 23 sind einige Messungen an verschiedenen Objekten zusammengestellt, die das quantitative Ausmaß dieser Differenzen erkennen lassen. Die Zahlen bedeuten Milligramm H_2O_2, die in der gleichen Versuchszeit (meist 5—10 Minuten, je nach dem Objekt) von gleichen Mengen Frischgewicht (0,1 g) zersetzt wurden.

Tabelle 23.

mg zer-setztes H_2O_2	Digraphis arundin.	Funkia lancifolia	Abutilon Sawitzer	Brassica oleracea	Pelargon. zonale	Sambucus nigra	Acer Negundo	Cornus alba	
								jung	alt
Weiß	4,0	1,8	0,5	5,2	5,3	5,3	7,9	7,3	2,7
Grün	19,4	9,3	7,3	17,6	8,4	8,2	18,3	11,2	12,8

Wir sehen hier eine zum Teil ganz beträchtliche Differenz im Katalasegehalt der weißen und grünen Teile, eine Differenz, die schon in ganz jugendlichem Alter deutlich vorhanden ist, im Alter jedoch noch stärker hervorzutreten scheint, wie ein Vergleich der beiden letzten Spalten zeigt. Die jungen *Cornus*-Blätter hatten sich eben erst aus der Knospe entfaltet und waren etwa 1 cm lang.

Es ist nun recht interessant, daß die Richtung dieser bei allen von mir untersuchten panaschierten Objekten konstant vorhandenen Differenz derjenigen der Peroxydasenverteilung gerade entgegengesetzt ist: *Weiße Blatt-Teile enthalten mehr Peroxydase, aber weniger Katalase, grüne Gewebe weniger Peroxydase und mehr Katalase.* Mit der Deutung dieses eigenartigen Befundes werden wir uns später zu beschäftigen haben.

Ich habe die ganze Reihe der Versuche, die über den Peroxydasengehalt und seine experimentelle Beeinflussung angestellt wurden, auch bezüglich der Katalase durchgeführt. Leider konnte dies nicht am selben Objekt geschehen, da *Brassica* nur im Winter zu benutzen ist. Insbesondere interessierte die Frage, ob sich eine ähnliche Abhängigkeit und Verschiebung mit dem Assimilationsprozeß nachweisen lassen würde. Dazu war jedoch zunächst ein Einwand auszuschalten.

Es lag nämlich der Gedanke nahe, daß diese verstärkte Katalasefunktion der grünen Organe einfach auf Kosten des vorhandenen Chlorophylls zu setzen war. Ähnliches war ja auch schon bei der Besprechung der Peroxydasen angedeutet worden. Eine Peroxydbildung eines fluoreszierenden Farbstoffes, wie wir es nach den Ergebnissen NOACKS (52) annehmen müssen, könnte nämlich unter Umständen eine Zersetzung des H_2O_2 hervorrufen. Ich habe darum verschiedene Versuche unternommen, in denen die Wirkung einer Eosinlösung in Licht und Dunkelheit auf H_2O_2 geprüft wurde. Desgleichen wurde der Einfluß einer reinen Chlorophyllösung untersucht, mit dem Ergebnis, daß alle diese Faktoren innerhalb der bei der Katalasebestimmung angewandten Versuchszeit nicht imstande sind, H_2O_2 in erkennbarem Ausmaße zu zersetzen und damit eine erhöhte Katalasemenge vorzutäuschen. Somit konnten die obigen Befunde über die Verteilung dieses Fermentes in panaschierten Blättern voll ausgewertet werden.

Damit war indessen nicht gesagt, daß die Katalase in den grünen Gebieten nicht doch irgendwie in engeren Zusammenhang mit dem Mechanismus der Assimilation zu bringen war. WILLSTÄTTER nimmt ja bekanntlich bei der Abspaltung des Chlorophyll-Kohlensäureperoxydes die Vermittlung eines katalytischen Fermentes an, und es wäre immerhin denkbar, daß hier eine Katalase mit beteiligt sein könnte. Ich habe eine ganze Reihe von Versuchen unternommen, ohne daß es mir bis jetzt gelungen wäre, hier weiter einzudringen. Es zeigte sich, daß weder CO_2-Abschluß noch Verdunkeln einen nennenswerten, vor allem konstant reproduzierbaren Einfluß ausübt. Die Versuche wurden meist an *Cornus alba* ausgeführt, und vielleicht ließen sich an *Brassica*, die so leicht Peroxydasenschwankungen zeigte, bessere Ergebnisse erzielen. Zuweilen beobachtete ich wohl, auch an anderen Pflanzen als *Cornus*, vor allem im weißen Gewebe, eine Zunahme der Katalase bis fast zum Ausgleich; bei längerer Versuchsdauer ergaben sich jedoch immer wieder Werte, die durchaus den normalen Freilandanalysen entsprachen. Auf eine Wiedergabe der Versuchsprotokolle kann angesichts der negativen Befunde verzichtet werden. Temperaturgegensätze von 25° blieben ohne jeden Einfluß. Auch eine Zuckerfütterung vermag die relativen Unterschiede zwischen Weiß und Grün nicht auszugleichen, doch scheint sie dem Gesamtgehalt an Katalase herabzudrücken. Ähnliche Angaben sind in der amerikanischen Literatur zu finden.

Diese Beobachtungen sind deshalb von einem gewissen Interesse, weil sie wiederum zeigen, daß zwischen Katalasegehalt und Atmungsintensität keine direkt faßbare quantitative Beziehung besteht. Diese Frage ist bekanntlich schon von verschiedenen Autoren untersucht und mit Ausnahme der Angaben von BURGE (15) stets negativ beantwortet worden. Obwohl es nicht im Rahmen dieser Arbeit liegt, spezielle Untersuchungen über Katalase an und für sich anzustellen, so habe ich doch im Anschluß an meine Atmungsversuche wiederholt am selben Material den Katalasegehalt bestimmt und stets die normale Richtung der Katalasedifferenz vorgefunden, auch wenn z. B. durch mehrtägige Zuckerfütterung der weißen Teile die Atmungsintensität weit über das Maß der grünen Gewebe gestiegen war. Tabelle 24 zeigt einige solche zusammengehörende Messungen.

Tabelle 24.

	Cornus alba Freiland 2. VI. 27.		*Cornus alba* 13. VI. 27. Weiß auf Zucker, grün hungernd		*Acer Negundo* weiß auf Zucker, grün normal	
	CO_2 ccm/St.	Katalase mg H_2O_2	CO_2 ccm/St.	Katalase mg H_2O_2	CO_2 ccm/St.	Katalase mg H_2O_2
Weiß	0,511	14,0	1,216	7,15	0,991	9,6
Grün	0,795	17,8	0,486	16,5	0,793	13,3

Es fragt sich nun, was sich unter diesen Umständen für die Einordnung der Katalase in dem Gesamtstoffwechsel einer panaschierten

Pflanze entnehmen läßt. Bei den negativen Ergebnissen einer großen
Anzahl von Versuchen, die Differenz der Katalasemenge durch äußere
Einflüsse zu verändern, bleibt nur übrig, von der Tatsache des verminderten Katalasegehaltes der weißen Teile auszugehen und zunächst
für diese eine Erklärung zu suchen. Zweifellos stellt ja diese Fermentverteilung im Normalzustand eines panaschierten Blattes eine Anpas-
sung an ein gewisses Gleichgewicht dar.

Man hat nun wohl zu beachten, daß *die scharf spezifische Funktion
der Katalase vermutlich stets die gleiche bleibt* und nicht wie bei den
Peroxydasen vom Substrat abhängig ist, so daß man aus dem Ausbleiben einer Änderung des Fermentgehaltes nicht zu weitgehende
Schlüsse ziehen kann. Festgestellt wurde bis jetzt, daß das weiße Gewebe
konstant weniger Katalase enthält, wobei sich kein Anhaltspunkt dafür
bot, daß die Katalase am Assimilationsprozeß im engeren Sinne beteiligt
ist. Ich konnte lediglich an ergrüntem Material von *Acer Negundo* beobachten, daß an den Stellen, die nur noch hellgrün gegen dunkelgrün
abgesetzt waren, auch die Katalasedifferenz bis fast zum Ausgleich ver-
mindert war (vgl. Tabelle 25). Sehen wir jedoch von dieser immerhin
recht hypothetischen Möglichkeit einer Erklärung ab, und beschränken
wir uns auf die Bedeutung der Katalase im rein oxydativen Stoffwechsel
der Zelle, die nach der allgemeinen Verbreitung gerade dieses Fermentes
wohl doch die Hauptfunktion sein dürfte, so bietet sich folgendes Bild.

Wir haben in den weißen Organen weniger Kohlehydrate, eine geringere Atmungsintensität, einen höheren Peroxydase- und niedrigeren
Katalasegehalt als in den grünen. Es wurde nun in den vorhergehenden
Kapiteln gezeigt, daß diese Befunde in engem Zusammenhang mit einem
veränderten Stoffwechsel stehen, der letzten Endes durch den Ausfall
der Assimilation bedingt ist. Es wurde angenommen, daß der Betriebs-
stoffwechsel der weißen Zellen irgendwie herabgesetzt ist, daß eine Erhöhung des Oxydationspotentials, ausgedrückt durch den vermehrten
Gehalt an Peroxydasen, eintritt, sei es, daß das Substrat verschieden,
sei es, daß eine sonstige Erschwerung im oxydativen Mechanismus vorhanden ist. Diese Peroxydasesteigerung ist nun eine Reaktion, die sich
durchaus mit der Tatsache einer verringerten Atmungsintensität ver-
trägt, vielleicht sogar in gewissem Sinne eine Folge davon ist. Das
System ist, wie aus den Atmungsversuchen hervorgeht, bei genügender
Zuckerzufuhr voll leistungsfähig, trotzdem liegt das Ausmaß der energetischen Umsetzung normal unter dem der grünen Organe.

Setzen wir hier nun einmal die Katalase im Sinne WIELANDS ein,
so wäre der Umstand, daß sie sich in dem weißen Gewebe in geringerer
Menge findet, nichts weiter, als ein Ausdruck dieses im normalen Be-
triebe verringerten Umsatzes. Sie müßte dann freilich ansteigen, wenn
die Intensität, wie bei der Zuckerfütterung, eine beträchtliche Steige-

rung erfährt. Nun sehen wir aber gerade aus den Studien am normalen Atmungsstoffwechsel, daß eine solche einfache Beziehung nicht besteht, ja, unter Hinweis auf eine rein katalytische Funktion braucht ein solcher Zusammenhang innerhalb gewisser Grenzen auch gar nicht vorhanden zu sein. Sehen wir die Funktion der Katalase nur in einer Beseitigung überschüssiger Peroxyde, wobei mit BACH und CHODAT nicht allein an H_2O_2 gedacht werden mag, so bedeutet ein niedriger Katalasegehalt, daß solche überschüssigen Peroxyde, selbst bei einer quantitativen Vergrößerung des Umsatzes, eben nicht entstehen.

Hier kommen wir aber in eine engere Beziehung mit unserer Deutung der Peroxydasen: Letztere werden gesteigert, weil eine gewisse oxydative Schwierigkeit vorliegt, weil Peroxyde entweder nicht genügend gebildet werden oder das Substrat einen nochmaligen oxydativen Pontentialhub erfordert. Liegen die Verhältnisse aber derartig, so werden bei einem vermehrten Peroxydasengehalt alle entstehenden Peroxyde sofort im Sinne WILLSTÄTTERS gebunden werden, und ein verringerter Katalasegehalt wäre nichts anderes als ein Ausdruck und eine Bestätigung dieses Mechanismus. *Die Oxydation verläuft in den weißen Zellen vielleicht selbst bei künstlich gesteigertem Umsatz so, daß überschüssige Peroxyde nicht gebildet werden und folglich für die Katalase keine Gelegenheit zu einer Tätigkeit gegeben ist.*

Ich möchte hier noch einmal darauf hinweisen, daß ich diese Anschauungen, wie schon bei den Peroxydasen, als eine vorläufige Arbeitshypothese betrachte, eine Hypothese, die in mannigfacher Beziehung noch experimenteller Stütze von seiten des normalen Stoffwechsels bedarf, die jedoch auch durch einige Beobachtungen an Wahrscheinlichkeit gewinnt, die im folgenden Kapitel beschrieben werden sollen.

V. Das Ergrünen.

Der Vorgang im allgemeinen.

In den bisherigen Erörterungen war wiederholt die Rede von Untersuchungen, die im Verlauf des Ergrünungsprozesses panaschierter Blätter angestellt wurden. Dieser Vorgang bedarf nun einer etwas eingehenderen Betrachtung. MOLISCH (45) berichtete 1901 von einer Kohlvarietät, die im Winter oder, besser gesagt, in der Kälte panaschierte Blätter führte, während sie im Sommer und im Warmhaus ganz normal gleichmäßig grün war.

Es ist klar, daß ein solches Objekt für das Studium der Panaschüre besonders interessant sein mußte. MOLISCH hatte allerdings selbst den Einwand ausgesprochen, daß es sich bei dieser Erscheinung um gar keine echte Panaschüre handle, sondern daß diese Kältelabilität (Wachstum, aber keine Chlorophyllbildung mehr) nichts weiter sei, als ein Spezialfall der allgemeinen Abhängigkeit der Chlorophyllsynthese von der Temperatur.

Er übersah dabei aber, daß bei eben dieser tiefen Temperatur nur
ein ganz bestimmter Teil der Zellen an der Chlorophyllbildung gehemmt
wird, daß in der Regel Blätter entstehen mit einem tiefgrünen Rand,
für den die Temperatur zweifellos zur Synthese genügte. Erst bei sehr
langer Kältewirkung sollen auch rein weiße Blätter auftreten, ein Fall,
der ja bekanntlich in gleicher Weise bei den „echten" panaschierten
Pflanzen vorkommt, den ich jedoch bei meinen Exemplaren noch nicht
beobachten konnte, obwohl sie den ganzen Winter über im Freien
standen.

Jedenfalls hat solch ein *Brassica*-Blatt ganz den Habitus einer Panaschüre im strengsten Sinne des Wortes, es unterscheidet sich von den
anderen panaschierten Pflanzen allein durch die Leichtigkeit, mit der
bei einer Temperaturerhöhung die Panaschierung verschwindet. Ich
werde später zeigen, daß es sich jedoch auch hier nicht um einen grundsätzlichen Unterschied handelt, sondern daß hier lediglich eine Reaktion
rasch und quantitativ verläuft, die bei einer ganzen Anzahl von anderen
panaschierten Pflanzen, wenn auch in geringerem Ausmaße, nachweisbar
ist. Ich sehe, trotzdem auch Küster (37) zu zögern scheint, keinen
einzigen Hinderungsgrund, diese Varietät der *Brassica oleracea acephala*
nicht als eine echt panaschierte Pflanze zu betrachten, zumal wenn berücksichtigt wird, wie mannigfaltig auch sonst der Habitus der unter dieser Be-
zeichnung zusammengefaßten Erscheinung ist. Auch hinsichtlich der gesamten stoffwechsel-physiologischen Befunde ordnet sich dieses Objekt
durchaus dem allgemeinen charakteristischen Bild der Panaschüre ein.

Da außer der ersten Feststellung einer Temperaturlabilität durch
Molisch nur noch einige Angaben von Timpe (75) vorliegen, sind zunächst noch einige Einzelheiten des Prozesses nachzutragen. Der äußer-
liche Vorgang ist durch Molisch scharf gefaßt. Es treten im Herbst
zuerst weiße Blattrippen auf, dann findet von der Mitte aus eine immer
größere Verbreiterung des weißen Blattanteiles statt, bis schließlich rein
weiße Blätter entstehen, die nur noch einen schmalen grünen, gekräu-
selten Rand tragen.

Man findet jedoch bei dieser Entwicklung, wie sie sich besonders
schön im Herbst im Freiland beobachten läßt, auch Blätter, deren Bin-
nenfelder, obwohl scharf von dem dunkelgrünen Rand abgesetzt, nicht
rein weiß sind, sondern alle Farbtönungen vom kräftigen Hellgrün bis
zum Gelb aufweisen können. Solche Blätter machen zunächst den Eindruck, daß es sich hier um eine augenfällige unmittelbare Chlorophyll-
zersetzung und Auflösung handelt, daß das Chlorophyll abwandert.

Eine genaue Beobachtung lehrt jedoch, daß es sich damit anders
verhält, daß keine progressive Verfärbung, sondern eine mehr oder weniger ausgeprägte Hemmung der Chlorophyllsynthese vorliegt. Die Blätter
behalten die Farbe, mit der sie angelegt werden, durchweg bei, auch wenn

die Temperatur wochenlang sich um und unter 0⁰ bewegt, der Prozeß der Chlorophyllsynthese dringt aber bei ihrer Anlage nur noch in beschränktem Maße durch, so daß das eine Blatt noch bis zur deutlichen hellgrünen Färbung gelangt, während ein anderes in den zentralen Geweben nur noch so viel Chlorophyll aufzubauen vermag, daß ein gelblichgrüner Ton resultiert, bis endlich die Synthese überhaupt still steht.

Diese Erscheinung ist deshalb bemerkenswert, weil sie erkennen läßt, daß es sich hier nicht nur um die langsame Auswirkung eines schädlichen Einflusses handelt. Man erhält ebensolche Bilder, wenn man den Ergrünungsprozeß bei einer verhältnismäßig niederen Temperatur einleitet. Es scheint so, als ob unter gewissen veränderten Umständen nur ein gewisses und vielleicht durch den energetischen Umsatz bestimmtes Ausmaß der Chlorophyllmenge erreicht werden kann.

Ähnliche Erscheinungen habe ich an anderen panaschierten Pflanzen wahrgenommen, von denen später berichtet werden wird. Auch hier tritt nach dem Einsetzen der Chlorophyllsynthese Stillstand auf einem Punkte ein, der weit unter dem Normalmaß der dazugehörigen grünen Teile liegt. Hierher gehört desgleichen die Beobachtung, daß ergrünende Wurzeln selten eine höhere Intensität der Farbstoffbildung zeigen (70).

Eine weitere Eigentümlichkeit der Kohlvarietät besteht darin, daß sich selbst bei der reinsten Ausbildung der Kältepanaschierung, bei der die dicken Blattrippen und Stiele der schneeweißen Blätter fast Elfenbeinfarbe annehmen, um jedes Gefäßbündel ein schmales Chlorophyllband lagert, das im Holzparenchym lokalisiert ist. Diese merkwürdige Erscheinung, die man an den größeren Stielen auf dem Querschnitt schon mit bloßem Auge sieht, läßt sich mit Hilfe des Fluoreszenzmikroskopes bis in die feinsten Nerven des weißen Blattgewebes verfolgen. Ein Eingehen auf die PANTANELLIsche Ansicht, daß zerstörende Stoffe in den Leitbündeln wandern, erübrigt sich.

Wird nun eine solche kältepanaschierte Pflanze in ein Warmhaus gebracht, so ergrünt sie, wie das MOLISCH beschreibt. Am reaktionsfähigsten sind die jüngsten Blätter, doch beginnen auch die älteren bis zu einer gewissen Altersgrenze bei einer Temperatur von etwa 20⁰ meist schon nach 3—4 Tagen deutlich mit der Synthese.

Diese Altersgrenze fällt nicht etwa mit der Einstellung des Wachstums zusammen, sondern auch voll ausgebildete Blätter ergrünen noch, erreichen jedoch nur noch eine gewisse niedrigere Stufe der Farbstoffintensität, ganz im Einklang mit den obigen Ausführungen.

Auffällig ist, daß das Ergrünen selbst eines jüngeren Blattes erst zuletzt auf die dem normalgrünen Rand unmittelbar anschließende Zone übergreift, so daß man in einem gewissen Stadium des Prozesses oft Blätter sehen kann, die bis auf ein schmales weißes Band längs des grünen Randes ergrünt sind. Der Blattrand scheint überhaupt physio-

logisch etwas differenziert zu sein, wir werden später ein weiteres Beispiel dafür kennen lernen. Vielleicht spielen hier schon gewisse Altersunterschiede eine Rolle.

Es war eben gesagt worden, daß auch voll ausgewachsene Blätter
noch zu ergrünen vermögen. Diese Fähigkeit haben nun aber nicht
allein Blätter, die sich noch an der Pflanze befinden, sondern auch
abgeschnittene, ja sogar kleine, auf Wasser schwimmende isolierte Ge-
webestückchen von weniger als 1 qcm Größe, so daß kein Zweifel
sein kann, daß hier *ein reiner reversibler Zustand der einzelnen Zelle
vorliegt*.

Diese Feststellung hat aber aus Gründen, die schon in der Einleitung
kurz erwähnt wurden, ein gewisses grundsätzliches Interesse. KÜSTER (38)
schreibt noch in seiner „Anatomie des panaschierten Blattes" 1927: „Daß
äußere oder innere Bedingungen den blassen Inhalt erwachsener Zellen
ergrünen lassen können, muß nach dem jetzigen Stand unserer Einsicht
als sehr unwahrscheinlich, wenn nicht als ausgeschlossen bezeichnet
werden." Hier liegt jedoch, wie gesagt, ein solcher Fall vor, und ähnliches habe ich, wenn auch weniger stark, bei *Cornus* und *Acer* beobachten können, wovon später berichtet werden wird.

Das mikroskopische Bild des Ergrünungsvorganges.

Es war nun eine weitere Frage, ob sich im Verlauf des Ergrünungsvorganges an den Plastiden mikroskopisch irgendeine tiefergreifende
Veränderung erkennen lassen würde. Am lebenden Material ist selbst
mit der besten Optik im normalen Zustand von Plastiden nichts zu
sehen, die weißen Zellen erscheinen meist ganz homogen und lassen nur
zuweilen die Anwesenheit großer, farbloser und dicht gedrängter kugeliger
Plastiden vermuten. Ich mußte daher zu einer Fixierung des Materials
greifen und ließ dazu ein voll ausgewachsenes, etwa 20 cm langes, bis
auf einen schmalen Rand rein weißes Blatt im Warmhaus auf Wasser
langsam ergrünen. Während dieses Prozesses wurden alltäglich, gelegentlich sogar zweimal, kleine, unmittelbar nebeneinander liegende Blatt-
stückchen herausgeschnitten und nach REGAUD fixiert. Nach der Goldfärbung [ALVARADO (1)] der Paraffinschnitte zeigte es sich, daß alle
Zellen des weißen Gewebes in großer Zahl Plastiden führen, die von
recht verschiedener Größe sind, von ganz kleinen Leukoplasten bis zu
Formen, die die Kerngröße erreichen und übertreffen. Sie färben sich
mit Gold nur schwach an, heben sich aber deutlich vom Plasma ab
und sind meist recht eigenartig, eckig und zuweilen fast amöbenähnlich
mit Fortsätzen ausgestaltet. Dieses Bild wird vervollständigt durch
Vakuolen, die sich fast in allen nicht nur in Ein- oder Zweizahl finden,
wie das ZIMMERMANN (92) z. B. für *Veronica speciosa* geschildert hat,
sondern oft in größerer Anzahl (6—8) das ganze Gebilde durchsetzen

und diesem dadurch ein fast groteskes Aussehen verleihen. Die Einzelheiten sind aus Abb. 1 und 2 ersichtlich.

Es darf hier erwähnt werden, daß Smith (72) in einer Arbeit über
die Mosaikkrankheit der Kartoffel ganz ähnliche vakuolenführende
Riesengebilde photographierte, die er als Degenerationserscheinungen
deutete, und auf deren Vorhandensein er die verschiedenen, immer wieder
auftauchenden Angaben über die Anwesenheit von Protozoen in diesen
Zellen zurückführt. Man ist in der Tat zuweilen versucht, diese Plastidenformen für parasitische Lebewesen zu halten. Ich glaube auch nicht, daß es sich bei meinen Objekten um Fixierungsartefakte handelt, da gerade das angewandte Verfahren sonst gute Bilder gibt und z. B. auch
fertige Chloroplasten als durchaus runde und einheitliche Gebilde fixiert. Auch der Fortgang der Ergrünung scheint mir eine solche Möglichkeit auszuschließen.

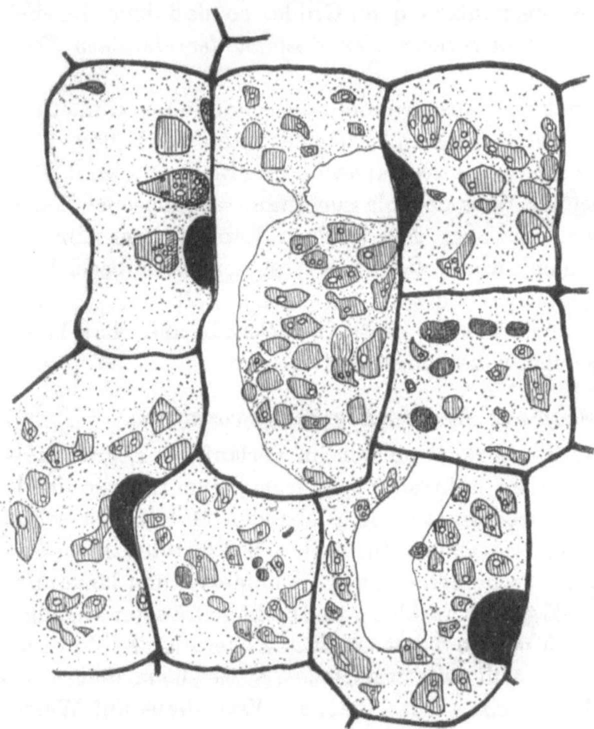

Abb. 1. Flächenschnitt aus einem weißen Blatt von *Brassica oleracea*.
Anfangsstadium. Farblose Plastiden mit zahlreichen Vakuolen. (Fix.
Regaud. Goldfärbung. Ölimmers. n = 1,4 Comp. Ok. 12.)

Nicht nur die Größe dieser Plastiden ist beträchtlichen Schwankungen unterworfen, auch die Färbbarkeit
ist mitunter von Zelle zu Zelle, ja sogar innerhalb derselben Zelle, recht
verschieden. Es finden sich immer vereinzelt Formen, die nach Gestalt
und Färbung fast normalen Chloroplasten entsprechen, schön gerundet
und ohne Vakuolen oder nur mit einer einzigen, während unmittelbar
daneben ganz extrem abweichende Gebilde liegen können, so daß schon
hier gesagt werden kann, daß der Zustand, in dem sich die einzelnen
Zellen befinden, kein einheitlicher ist. Auch habe ich gelegentlich bei
Lebendbeobachtung mitten in rein weißem Gewebe eine Zelle gefunden,
die grün war und meist nur einen einzigen riesigen Chloroplasten besaß.

Ähnliches, d. h. solche eingesprengte grüne Zellen, findet man häufiger bei anderen panaschierten Objekten, z. B. bei *Acer Negundo*. KÜSTER macht darüber eingehendere Angaben. Diese Befunde spielen bei der Frage der Reversibilität der Panaschüre und ihrer Ätiologie durch inäquale Zellteilungen eine Rolle, so daß wir noch einmal darauf zurückgreifen müssen.

Um das mikroskopische Bild des normalen weißen Gewebes zu ver-

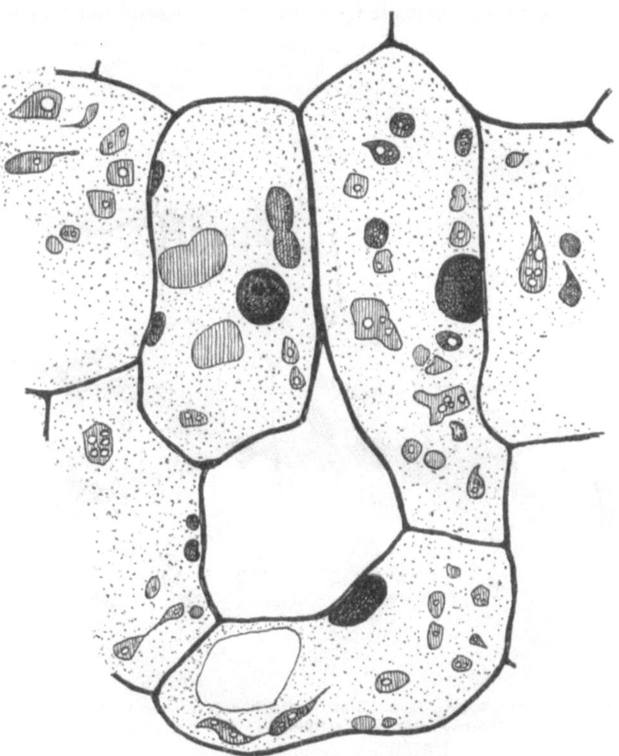

Abb. 2. Dasselbe Blatt nach **zweitägigem** Aufenthalt im Warmhaus (20° C.).

vollständigen, mag angefügt werden, daß die Zellen der Leitbündelscheiden und Blattrippen etwas abweichende Plastiden führen, die meist kleine, kreisrunde und stark färbbare Scheibchen ohne Vakuolen darstellen, und deren Größe von fast chondriosomenartigen Körperchen bis zu Formen von 5—6fachem Durchmesser wechselt. Daß im Holzparenchym der Gefäßbündel echte Chloroplasten vorhanden sind, wurde schon früher erwähnt. Sie enthalten oft Stärke und sind etwa halb so groß wie die Normalform des grünen Blattgewebes.

Ergrünt nun das Blatt, so ist an den Schnitten in den ersten Tagen zunächst nichts weiter festzustellen als eine Zunahme der Färbbarkeit.

Die amöbenartigen Gebilde heben sich deutlicher ab und nehmen auch
zuweilen eine gewisse Rundung an. Teilungen, die schon im Anfangsstadium gefunden werden, scheinen jetzt zahlreicher zu werden, besonders die Riesengebilde teilen sich häufig, wobei zuweilen langgeschwänzte
Tropfen und Halbspindelformen beobachtet werden können (vgl. Abb. 2).

   Am 3. oder 4. Tag sind in einzelnen Zellen Plastiden da, die zwar noch
eine oder zwei Vakuolen führen, sonst aber nach ihrer ganzen Färbung
und Gestalt schon als normale Chloroplasten bezeichnet werden müssen.

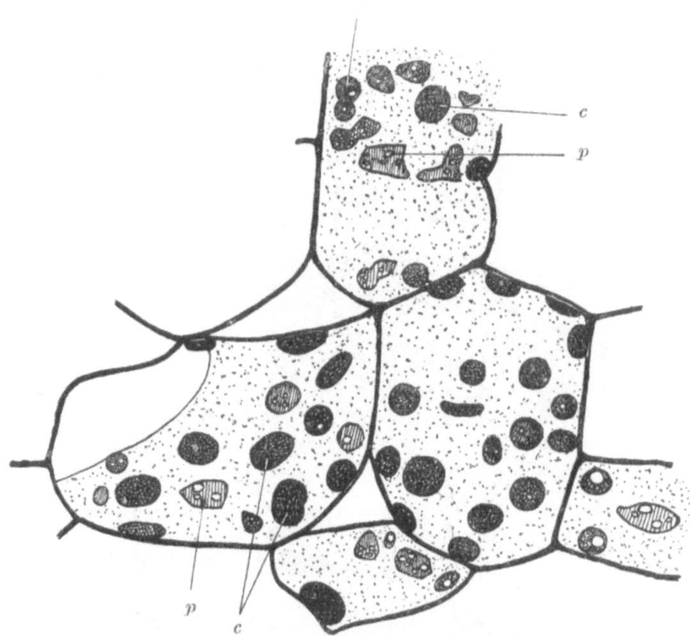

Abb. 3. Flächenschnitt nach 6 Tagen. Blatt deutlich ergrünt. Typische Chloroplasten (c) und
schwach gefärbte Plastiden (p) in derselben Zelle.

   Es ist nun hervorzuheben, daß *dieser ganze Ergrünungsvorgang durchaus nicht gleichmäßig erfolgt, sondern zelleigen ist und von Zelle zu Zelle
ganz verschieden intensiv verläuft, ja auch innerhalb der Zelle an den
einzelnen Plastiden deutliche (zeitliche) Unterschiede erkennen läßt.* Dieser
Umstand hat anfänglich die Feststellung des tatsächlichen Verlaufes
ziemlich erschwert, da man selbst im Endstadium des 10. Tages immer
noch Zellen trifft, die sich in nichts vom Anfangszustand unterscheiden.
Abb. 3 zeigt eine Zellgruppe aus einem tief ergrünten Gewebestück nach
sechstägiger Wärmeeinwirkung.

   Man sieht hier die Mehrzahl der Plastiden als typische Chloroplasten
entweder ohne Vakuole oder in einem Zustand, in dem sie gerade noch
durchscheinend zu erkennen ist. Daneben finden sich in derselben Zelle,

und auch in den Nachbarzellen, noch deutliche, schwächer angefärbte
„Amöbenformen" des Anfangsstadiums. Die Vakuolenbildung stellt
augenscheinlich kein Hindernis für das Ergrünen des Körpers dar, was
in voller Übereinstimmung mit den Befunden ZIMMERMANNS steht, der
angibt, daß auch noch ganz blasig aufgetriebene Gebilde bei Zuckerfütterung Stärke zu kondensieren vermögen. Auch mag auf die Eiweißzahlen des 1. Kapitels und ihre Bedeutung für das Ergrünen noch einmal
verwiesen werden. Immerhin scheinen sie mit dem Fortschreiten des
Ergrünungsprozesses weniger zahlreich zu werden und schließlich ganz
zu verschwinden. Dies ist jedoch erst eine sekundäre Erscheinung,
eine sichtbare Folge der bereits erfolgten Chlorophyllsynthese.

Über die Natur dieser Vakuolen kann auch ich keine näheren Angaben machen. Ich habe im Anschluß an die Befunde von ZIRKLE (94)
über das Vorhandensein von Vakuolen in normal grünen Chloroplasten
wiederholt mit monochromatischem Licht ($\lambda = 495$—570) gearbeitet
und an frischem grünem *Brassica*-Material nie etwas derartiges beobachten können. Die Frage bedarf, soweit sie normale Chloroplasten
betrifft, wohl noch einer eingehenden Nachprüfung. Bei panaschierten
Objekten scheinen die Vakuolen nach den Angaben ZIMMERMANNS (94)
dagegen nicht selten zu sein, ihr Auftreten kann jedoch kaum als eine
tiefergreifende Degeneration der Plastiden gedeutet werden, da diese ja
ohne weiteres ergrünen. Auf eine Beziehung zur Kälte wird später noch
einmal zurückzukommen sein.

Wichtig scheint mir hier vor allem die Feststellung, daß die Panaschierung und der Ergrünungsvorgang ein Krankheits- bzw. ein Gesun-
dungsprozeß der einzelnen Zelle ist, der in ganz verschiedenem Ausmaße
lokalisiert ist. Denn von hier aus wird das schon wiederholt beobachtete
und, wie schon erwähnt, besonders von KÜSTER beschriebene Auftreten
von Grünsprenkeln in den weißen Teilen mancher Pflanzen erklärlich.
Ich trage kein Bedenken, die bei *Brassica* festgelegten Verhältnisse auch
auf andere Objekte zu übertragen: *der Panaschierungsprozeß ist unter
gewissen Umständen lokal reversibel.*

Damit erfährt auch das bisher unerklärliche und namentlich von den
Vererbungsforschern beachtete Vorkommen von grünen und farblosen
Plastiden in derselben Zelle bei *Stellaria*, *Capsella* u. a. eine neue Beleuchtung. Die Befunde über das verschiedene Ausmaß der Ergrünung
an einzelne Plastiden derselben Zelle zeigen deutlich, in welcher Richtung
hier die Erklärung zu suchen ist. Ja, es fragt sich, ob man bei der Ätiologie der Panaschüre den Begriff der inäqualen Teilung überhaupt aufrecht
erhalten muß. Daß die Zellen eines größeren Verbandes, z. B. eines
Blattes, auf äußere Einflüsse durchaus verschieden reagieren können,
ist eine bekannte Tatsache. Es sei hier z. B. nur auf die lokalen Unterkühlungserscheinungen (Flecken) verwiesen. Man wird aber dann etwas

Ähnliches auch für hypothetische innere Einflüsse annehmen dürfen, und es erscheint mir fraglich, ob das stets mit einer inäqualen Teilung zu erklären ist. Die Befunde an *Brassica*, die im wesentlichen an *Cornus* und *Acer* bestätigt werden konnten, zeigen eine weitgehende, in ihrem Ausmaß lokal ganz verschiedene Reversibilität des ganzen Prozesses, die bei einer Aufklärung des Problems wohl beachtet werden muß.

Versuche über das Ergrünen.

Gab so die mikroskopische Kontrolle des Ergrünungsvorganges zwar einen gewissen Aufschluß über dessen Verlauf, so ließ sich doch kausal auch auf diesem Wege nichts erkennen. Einen kleinen Schritt weiter führten indessen einige ganz einfache Versuche. Es wurden kräftige, normal panaschierte Kältepflanzen ins Warmhaus (20⁰) etwa 8—10 Tage unter Dunkelstürze gebracht, um zu untersuchen, wieweit das Ergrünen allein von der Wärme abhängig war, und wieweit sich etwa ein Lichteinfluß dabei noch geltend machte. Es trat während dieser Zeit ein typisches Etiolement ein, starkes Längenwachstum mit reduzierten Blattflächen. Wurden nun die so vorbehandelten Pflanzen aufgedeckt, so erfolgte selbst bei schlechter Beleuchtung *ein fast schlagartiges Ergrünen*. Im Verlauf von wenigen Stunden sind die Pflanzen tief grün, mit Ausnahme der sonst normal grünen Ränder. 1—2 Tage lang ist geradezu eine Inversion der Panaschierung eingetreten, die Blätter zeigen ein grünes Binnenfeld mit weißem Rand, bis dann auch hier das Ergrünen und damit der Ausgleich erfolgt. Es war im vorstehenden schon auf diese Sonderstellung des Blattrandes aufmerksam gemacht worden.

Wenn ich nun weiter eine auf diese Weise dunkel und warm vorbehandelte Pflanze in die Kälte brachte (Durchschnittstemperatur 3⁰, Höchsttemperatur vorübergehend 5⁰) und hier, nachdem ein gewisser Temperaturausgleich abgewartet war, aufdeckte, so beobachtete ich folgendes: Nach etwa 2 Tagen trat eine Gelbfärbung auf, die sich langsam verstärkte und nach 4 Tagen in ein schwaches Grün überging, das jedoch erst nach 8 Tagen deutlich wurde. Nach 14 Tagen waren die Spreiten der jüngsten Blätter tief ergrünt, während die Blattnerven, die Stiele und der Stamm sowie die älteren Blätter noch weiß waren. Auf diesem Zustand blieb die Pflanze, ohne weiter zu wachsen, stehen. Später wiederholte Versuche verliefen ähnlich. Die Objekte wurden erst 1 bzw. 2 Tage unter dem Dunkelsturz auch in der Kälte belassen. Nach dem Aufdecken trat wiederum bei 3⁰ eine sich langsam verstärkende und schließlich recht intensive Gelbfärbung ein. Dann sank, ohne daß ich es hindern konnte, die Temperatur während mehrere Tage unter 0⁰ und unterband damit den weiteren Ablauf des Vorganges, der erst bei einer Temperaturerhöhung auf 9⁰ wieder langsam in Gang zu bringen war.

Es ist nun aus den Untersuchungen Liros (41) bekannt, daß das Licht nur zur letzten Umwandlung der farblosen Vorstufe des Chlorophylls nötig ist. Die Schnelligkeit, mit der das Ergrünen nach einer dunklen Wärmevorbehandlung einsetzt, zeigt im Vergleich zu einer normalen Ergrünung, daß es sich bei dieser ganzen Hemmung der Chlorophyllsynthese um eine reine Wärmewirkung handelt. Dabei muß es der Aufbau der Vorstufen vor dem Leukophyll sein, der in den weißen Zellen verhindert oder durch Wärme gefördert wird. Ein sichtbares Ergrünen erfolgt nach Liro nur, wenn Leukophyll dauernd nachgebildet wird, so daß das einfache Belichten keineswegs zum Ergrünen führt, wenn der Betrieb nachträglich gestoppt wird. Wenn man also nach einer warmen Dunkelbehandlung ein so rasches Ergrünen erzielt, so muß schon im Dunkeln allein durch die Wärme das Getriebe in Gang versetzt worden sein, so daß, wenn durch Belichtung die letzte Sperre, die man sich vielleicht im Sinne einer reinen Massenwirkung vorstellen kann, fällt, der Prozeß wie ein aufgezogenes Uhrwerk mit großer Geschwindigkeit abläuft.

Anders in der Kälte. Hier muß durch die abermalige Temperaturerniedrigung das Ganze außerordentlich rasch gebremst werden, da sonst unmittelbar nach dem Aufdecken ein gewisses Maß der Chlorophyllsynthese noch erreicht werden müßte bis zum endlichen Stillstand. Sicherlich wird auch hier das schon fertige Leukophyll noch umgewandelt, da dies ja auch in totem Material noch geschieht. Andererseits aber erfolgt doch auch die Hemmung nicht absolut, wie man das zunächst erwarten sollte. Sinkt die Temperatur nicht zu tief, so schleppt sich der Ergrünungsvorgang noch 14 Tage und länger weiter und erreicht auf diese Weise langsam verschiedene, wenn auch anormal niedrige Grade der Blattfärbung. Diese Stufen einer Hemmungserscheinung wurden schon vorstehend an dem Auftreten der hellgrün bis gelb gefärbten Herbstblätter beschrieben. Es wird in der Schlußbetrachtung Gelegenheit genommen werden, das Wesen eines solchen Hemmungsvorganges näher zu betrachten, so daß wir uns hier mit der Feststellung der Erscheinung begnügen können.

Thermolabilität anderer panaschierter Pflanzen.

Diese Versuche mit der kältelabilen *Brassica* hätten nun zwar einiges Interesse für den Spezialfall einer Wärmeeinwirkung auf eine Panaschierung, da sie einen gewissen Hinweis auf den Vorgang der Hemmung geben, dürften aber doch für die Gesamtbetrachtung der Panaschüre keine besondere Bedeutung beanspruchen, wenn es sich nicht gezeigt hätte, daß es sich hier keineswegs um einen strengen Sonderfall handelt, sondern um Dinge, die bei einer ganzen Anzahl anderer panaschierter Pflanzen, bei denen man eine solche Kälteempfindlichkeit unter gewöhnlichen Umständen nicht beobachtet, nachweisbar werden.

Die Leichtigkeit, mit der *Brassica oleracea* auf eine Erhöhung der Temperatur reagiert, und ihre durch keinen sonstigen Grund ablehnbare Einordnung zu den echten Panaschüren ließen mich nämlich Ausschau halten, ob nicht auch andere bunte Objekte in ähnlicher Weise reagierten. Außer Molisch hat noch Figdor (19) 1914 auf einen solchen Fall von Temperaturlabilität bei einer *Funkia* hingewiesen, der auch von Küster anerkannt wird. Ich habe die Erscheinung an diesem Objekt ebenfalls beobachtet, ohne zunächst die Angaben Figdors zu kennen.

Nun mußte es besonders reizvoll sein, einmal mit Objekten zu arbeiten, die bei unserer gewöhnlichen Freilandtemperatur durchaus beständig sind. Ich hatte bei meinem Exemplar von *Acer Negundo* beobachtet, daß der zweite Jahrestrieb Anfang Juli Blätter hervorbrachte, die deutlich an den „weißen" Stellen Chlorophyll entwickelten. Der Grund dieser Erscheinung war damals nicht einzusehen. Nun begann ich im ersten Frühjahr mit abgeschnittenen Zweigen von *Acer* sowie von einem Freilandexemplar von *Cornus alba*, das jedoch diese letzte Erscheinung des grünen Johannistriebes nicht zeigte, Frühtreibversuche im Warmhaus. Mitte Februar wurden die Zweige im Freien geschnitten und in gewöhnlichem Leitungswasser einer Minimaltemperatur von 20° ausgesetzt. Nach etwa 14 Tagen begannen sie auszutreiben und reichlich Blätter zu entwickeln, die nun zwar noch deutliche Panaschierung aufwiesen, aber nicht mehr weißgrün gezeichnet waren wie die Stammpflanze des Freilandes, sondern hellgrün-dunkelgrün. Es war also offensichtlich, daß die albinen Gebiete Chlorophyll entwickelten. Die Farbe erreichte bei *Acer Negundo* etwa die Intensität von frisch entfaltetem Buchenlaub; bei *Cornus* war sie anfänglich geringer, verstärkte sich aber bei einer weiteren Erhöhung der Temperatur bis zu tief grünen Blättern.

Es mag hier erwähnt werden, daß auch *Sambucus* schon im Freiland in den jungen Blättern bzw. Rändern Chlorophyll entwickelt, das jedoch wieder verschwindet, ohne daß der Vorgang durch eine erhöhte Temperatur auf die Dauer aufgehalten werden kann. Hier hätte man vielleicht die Berechtigung, von einer Zerstörung des Farbstoffes zu sprechen, doch stellt dieser Fall unter den von mir untersuchten Pflanzen eine Ausnahme dar.

Ich habe meine Versuche den ganzen Sommer über fortgesetzt. Am leichtesten reagiert stets *Acer Negundo*. Hier gelingt es sogar, schon wohl entwickelte weißgrüne Blätter der Freilandpflanze nachträglich im Warmhaus zum Ergrünen zu bringen. Die Reaktion erfolgt noch bis zu einem ziemlich scharf gekennzeichneten Alter. Merkwürdig und für die Rolle der Temperatur bezeichnend ist aber, daß es mir bis jetzt auch an Stecklingen, die ich jetzt bereits 3 Monate im Warmhaus kultiviere, nicht gelungen ist, die Panaschierung völlig zum Erlöschen zu bringen, wie das bei *Brassica* der Fall ist. Die Intensität der Chlorophyllentwicklung nimmt zwar mit zunehmendem Alter noch zu und kann dann, genügend hohe Temperatur vorausgesetzt, bis zu einem so weitgehenden Verwischen der Grenzen führen, daß ein genaues Abtrennen mit der Schere nicht mehr möglich ist. Doch ist bei den sich neu entwickelnden Blättern ein gewisser Kontrast immer wieder vorhanden und wird dann auch in allen im vorstehenden untersuchten Stoffwechselzahlen erkennbar. Ich habe solche hell-dunkelgrünen Blätter auf Eiweiß, Atmung, Katalase sowie auf ihre normale Stärkebildung untersucht und immer noch zwar wesentlich geringere, aber doch für eine Panaschierung charakteristische Differenzwerte gefunden.

Tabelle 25.

Acer Negundo	Eiweiß in % des Total-N	CO_2 ccm/St.	Katalase mg H_2O_2
Hellgrün . .	79,7	0,678	8,7
Dunkelgrün.	84,9	0,836	9,5

Am geringsten sind hier die Katalasedifferenzen ausgeprägt, ja, ich fand sogar gelegentlich vollkommenen Ausgleich oder gar einen ganz geringen Überschuß in den hellgrünen Teilen. Sehr deutlich ist dagegen stets der Unterschied im Stärkegehalt. Man kann Blätter, die zur Anstellung der Jodprobe mit Alkohol entfärbt wurden, ohne weiteres an ihrem Stärkegehalt als panaschiert erkennen. Diese Befunde zeigen, zusammen mit den niedrigeren Atmungswerten, daß die Produktion des schwächer gefärbten Teiles an organischem Material auch schwächer ist. Dies gilt auch dann, wenn man in Anlehnung an die Farbstoffuntersuchungen von *Aurea*-Varietäten durch WILLSTÄTTER (82) eine größere Assimilationszahl annimmt.

Wie leicht *Acer Negundo* auf Temperaturerhöhungen reagiert, zeigt der Umstand, daß nicht nur, wie schon erwähnt, der Johannistrieb unter normalen Witterungsumständen zur Ausbildung von Chlorophyll gelangt, sondern fast jede Periode heißer Tage sich an dem Baum zu erkennen gibt. Ich wurde erst durch meine Treibhausversuche auf dieses eigenartige Verhalten des Freilandexemplars aufmerksam. Ob mit länger andauernder Warmhauskultur, vor allem auch unter Anwendung noch höherer Temperaturen, die Panaschierung nicht doch völlig zum Schwinden kommt, möchte ich noch nicht für entschieden halten. Die Stecklinge sollen weiter beobachtet werden.

Schwieriger reagierte anfänglich *Cornus alba*, bis es sich zeigte, daß hier lediglich die kritische Temperatur höher liegt als bei *Acer*. Demgemäß kommt es auch im Freiland nur selten und nur nach ausgesprochen heißen Perioden gelegentlich einmal zur Ausbildung grüner Blättchen. So konnte ich im vorjährigen Sommer keine, wohl aber dieses Jahr beim zweiten Trieb etwa vier kleine grüne Blätter auffinden. Bringt man

jedoch abgeschnittene Zweige in eine Temperatur von 30—35⁰, so erfolgt
auch hier ein Ergrünen. Am schönsten zeigen das die in der Wärme neu
ausgebildeten Organe, doch vermögen immerhin auch noch etwa halb
ausgewachsene Blätter nachträglich deutlich vor allem an den Blattrippen Chlorophyll zu entwickeln und damit erneut die Reversibilität
des Vorganges zu beweisen. Die Altersgrenze liegt jedoch niedriger als
bei *Acer*. Am interessantesten war hier das Verhalten rein weißer Triebe.
Es gelingt öfters, einen panaschierten Ast mit einem ganz weißen Sproß
in Wasser weiter zu kultivieren. Bei einem solchen Zweig begannen
nach vierwöchigem Aufenthalt bei 25⁰ die Nerven der ersten, im
Warmhaus entwickelten Blattgeneration zu ergrünen, während die
Spreite wieder jene eigentümliche gelbe Färbung annahm. Die nächsten,
aus der Knospe neu entfalteten Blätter entwickelten dann auch in den
Blattspreiten deutlich Chlorophyll, wobei namentlich die Blattspitze und
das oberste Drittel des Blattes die Intensität von normalem Laub erreichten. Ich habe diesen ganzen Vorgang in anderen Versuchen wesentlich
beschleunigt, indem ich die Zweige jeweils über Nacht in einen Thermostaten von 35⁰ stellte. Auf diese Weise gelingt es schon nach 10 Tagen, rein
weiße Triebe bis zum tiefen Ergrünen zu bringen. *Bei dieser hohen Temperatur kann man auch an panaschierten Zweigen Blätter heranziehen, die
keine Panaschierung mehr erkennen lassen.* Ein Absinken der Temperatur
bringt diese jedoch abermals zur Erscheinung. Schon ein Rückgang
auf 25⁰ genügt, um Blätter entstehen zu lassen, die hellgrün zu dunkelgrün abgesetzt sind. Die weißen Triebe zeigen natürlich beim Ergrünen
keinerlei Panaschierung, sondern abgesehen von einer oft dunkleren
Spitze eine ziemlich gleichmäßige Verteilung des Farbstoffs. Betreffs
einer längeren Warmkultur gilt das bei *Acer* Gesagte; die Versuche sollen
fortgesetzt werden.

Die mikroskopische Betrachtung eines ergrünten Blattstückes ließ
erkennen, daß sich das Chlorophyll vor allem in der Palissadenschicht
und in dem unteren Schwammparenchym gebildet hatte, während ein
bis zwei Zellenlagen der Mittelschicht viel schwächer gefärbt waren. Die
Stärkebildung stand auch in den Palissaden deutlich hinter der des normal
grünen Gewebes zurück. Wiederum aber ließ sich beobachten, daß auch
in der einzelnen Zellschicht die Intensität der Farbstoffbildung von Zelle
zu Zelle verschieden sein kann. Damit schließt sich aber dieses äußerlich
so ganz anders geartete Objekt auch in diesem Punkte eng an die für
Brassica beschriebenen Erscheinungen an.

Es scheint nun, als ob es sich bei dieser Temperaturlabilität der vorstehend genannten panaschierten Arten um eine viel weiter verbreitete
Erscheinung handelt, als man bis jetzt annahm. Überblickt man darauf-
hin die Literatur, so finden sich doch zerstreut eine ganze Menge von
Angaben, die sich zwanglos hier einordnen lassen und die, wie sich jetzt

herausstellt, bisher etwas zu leicht genommen worden sind, selbst von dem besten Kenner der Materie, von KÜSTER [vgl. die Ausführungen: „Zur Ätiologie der Panaschierung", 1926 (37)]. Außer den bis jetzt genannten vier Objekten gehört hierher die panaschierte Varietät von *Digraphis arundinacia*, bei der ich nach heißen Sommertagen ein deutliches Ergrünen beobachten und im Warmhaus sogar an ausgewachsenen Blättern bewirken konnte. Ferner berichtete TIMPE (74) von einer panaschierten Ulme, die nur im Frühjahr bunt war, während der Sommertrieb grün wurde. Schon SCHÜRHOFF vermutete hier einen Temperatureinfluß, und nach meinen Erfahrungen an *Acer Negundo* dürfte dieser Zusammenhang ziemlich sicher sein. Es wird sich sicher lohnen, einmal panaschierte Ulmenzweige, die mir leider hier nicht zur Verfügung standen, in Warmkultur zu nehmen. Nach PANTANELLI soll auch *Antidesma alexiterium* in ähnlicher Weise wie *Brassica* thermolabil ein. BEIJERINCK sah eine *Barbarea vulgaris* nur im Frühjahr panaschiert, im Sommer grün, KIESSLING (31) ebenso ein panaschiertes *Lamium maculatum*. Alle diese Pflanzen dürften sich für eine weitere Untersuchung dieser Fragen eignen.

Netzpanaschierung wird ebenfalls häufig mit der Temperatur in Zusammenhang gebracht. So führt KANNGIESSER (30) die Panaschierung von *Oxalis* auf Kälte zurück, JUNGER (29) desgleichen bei *Pulmonaria officinalis* und *Geranium ruthenicum*, GEISENHEYNER (22) nimmt diesen Einfluß in derselben Weise bei einem *Convolvulus* an. Ich möchte hier noch manche Kleesorten anführen, unter denen man im ersten Frühjahr häufiger eine Grünsprenkelung findet, die sicher in das Gebiet der Panaschüre gerechnet werden darf. Nach den Aussagen unserer Gärtner zeigt weiter eine *Iris*-Art die Erscheinung, nur im Frühjahr panaschierte Blätter zu entwickeln.

Dem praktischen Gärtner sind Ergrünungen durch hohe Temperatureinwirkung überhaupt nicht fremd. Nach WEIDELICH (81) sind die bekannten weißen *Selaginella*-Spitzen nur bei einer Temperatur unter 10⁰ beständig. BUCK (14) erwähnt einen *Asparagus*, der nach einer Kälteperiode rein weiß blieb. Ganz besonders interessant aber sind die Angaben GASSNERs (21), der bei einem Hafer durch kalte Aufzucht nicht nur ein Weißbleiben feststellte, sondern auch richtig panaschierte Blätter erzielen konnte. Nach ZIMMERMANN (93) soll das auch bei Roggen beobachtet werden. Ich bin überzeugt, daß sich außer den hier angeführten Beispielen noch weit mehr Objekte finden lassen, die diesen Zusammenhang aufweisen, sobald nur einmal experimentell vorgegangen wird. Mit dieser Häufigkeit der Erscheinung eröffnen sich aber für das Problem der Panaschüre insgesamt ganz neue Aussichten.

C. Schlußbetrachtung.

Die im vorstehenden mitgeteilten Beobachtungen lassen keinen Zweifel darüber, daß die Panaschüre unter Umständen mehr oder weniger thermolabil ist, in dem Sinne, daß durch eine entsprechend hoch gewählte Temperatur bei einer ganzen Reihe von Arten eine Chlorophyllbildung erzwungen werden kann. Diese auffällige Erscheinung erlaubt es aber, die ganze Frage der Panaschierung unter einem etwas umfassenderen Gesichtspunkt zu betrachten. Es liegt nunmehr nahe, hier eine Parallele zu der ganz allgemeinen Abhängigkeit der Chlorophyllbildung von der Temperatur zu ziehen, und es ist vielleicht nicht ohne Interesse, diese Frage etwas eingehender zu erörtern.

Es ist aus den Arbeiten von Sachs (63) und seiner Schule bekannt, daß für den normalen Chlorophyllaufbau eine ganz bestimmte Minimaltemperatur nötig ist, unterhalb derer zwar noch ein Wachstum, aber keine Farbstoffbildung mehr erfolgt. Diese Grenztemperatur ist für einzelne Objekte recht *verschieden* und erreicht zuweilen ganz beträchtliche Höhen. So werden für *Pinus* Temperaturen zwischen 7º und 11º [nach Benecke 9º (2)] angegeben, für *Phaseolus multiflorus, Zea mais* und *Brassica Napus* solche über 6º. Elfving (18) beschreibt Versuche, bei denen etiolierte Keimlinge unterhalb ihrer Ergrünungstemperatur einer längeren Belichtung ausgesetzt wurden. Es trat dabei an *Phaseolus* bei 10º, an *Helianthus* zwischen 6º und 10º, an *Cucurbita Pepo* bei 10º nach mehrstündiger Belichtung (Minimum $1^1/_4$ Stunden) noch keine Spur von Chlorophyll auf, wohl aber machte sich eine starke Etiolinbildung bemerkbar. Die Analogie dieser Erscheinung mit den Vorgängen beim Ergrünen von *Brassica* in der Kälte mit der lange andauernden Gelbfärbung ist sehr auffällig. Ich habe diese Etiolinbildung, die dem Ergrünen voranzugehen scheint, auch an anderen panaschierten Objekten beobachtet. So sah ich einmal an ganz weißen *Cornus*-Trieben nach einer Reihe von sehr heißen Sommertagen im Freiland eine intensive Gelbfärbung auftreten, ohne daß es jedoch in der Folge zu einem Ergrünen gekommen wäre. Ähnliches bemerkte ich zuweilen an einzelnen Exemplaren von *Abutilon Sawitzer* und *Veronica speciosa*. Bei der Unsicherheit der Beziehungen, die zwischen diesen unter dem Namen Etiolin begriffenen Farbstoffen und der Chlorophyllsynthese bestehen, kann einstweilen nur auf die Erscheinung und ihre Analogie mit den von Elfving beschriebenen Versuchen verwiesen werden.

Außer diesen Angaben über die Abhängigkeit der normalen Chlorophyllsynthese von einer gewissen Grenztemperatur finden sich aber in der älteren Literatur auch eine ganze Reihe von Bemerkungen, die einen Einfluß der Temperatur nicht nur auf die Farbstoffsynthese, sondern ganz allgemein auf die Chloroplasten erkennen lassen. Besonders interessant sind hier Angaben von Haberlandt (26), der bei starker Kälte neben einer Zerstörung auch Vakuolenbildung in den Plastiden beschreibt. Hierzu sei auf die Vakuolen bei *Brassica* (vgl. S. 209 ff.) und manchen anderen panaschierten Pflanzen verwiesen. Ferner können hier Arbeiten von Krauss (33) über Farbveränderungen winterharter Blätter erwähnt werden. Krauss beobachtete Ortsveränderungen der Chloroplasten und Zusammenballung zu Klumpen. Diese Zustände sind bei einer Temperaturerhöhung reversibel, jedoch bedarf es hierzu längerer Zeit, von 1—2 Tagen bis zu 3 Wochen, während eine einzige Frostnacht genügt, um die erwähnten Veränderungen herbeizuführen. Nach Angaben von Sorauer (73) soll sogar die herbstliche Verfärbung anfänglich durch eine Temperatursteigerung noch reversibel sein.

Ohne hier auf weitere Einzelheiten einzugehen, kann doch aus allen diesen Beobachtungen so viel entnommen werden, daß sowohl die Synthese des Chlorophylls als auch der fertige Chlorophyllapparat einer normalen Pflanze einem ganz bestimmten Einfluß der Außentemperatur unterworfen sind, und es fragt sich nun, ob aus dieser ganz allgemeinen Abhängigkeit nicht engere Beziehungen zu dem Problem der Panaschüre gefolgert werden können.

Wir haben, wie schon gesagt, die Tatsache zu verzeichnen, daß es für normale Pflanzen Temperaturen gibt, bei denen zwar ein Wachstum, aber keine Chlorophyllsynthese mehr erfolgen kann. Genau so aber hatte Molisch seine Entdeckung der kälteempfindlichen *Brassica* definiert, wobei ihm die enge Analogie mit dieser allgemeinen Erscheinung sogar Zweifel an der Echtheit der Panaschüre seines Objektes nahe legten. Es war im vorstehenden gezeigt worden, daß diese Zweifel nicht berechtigt sind, nachdem insbesondere dieselbe Temperaturlabilität an anderen, ganz zweifelsfrei zu den panaschierten Pflanzen zu rechnenden Objekten nachgewiesen werden konnte. Wir sind durchaus berechtigt, in voller Anlehnung an die Beobachtungen einer Hemmung der Chlorophyllsynthese bei *Pinus* u. a. zu sagen, daß für gewisse Zellgebiete panaschierter Blätter die vorhandene normale Temperatur nicht genügt, um eine Farbstoffsynthese durchzuführen. Der Unterschied gegenüber der Allgemeinerscheinung besteht für die Panaschierung, abgesehen von der höheren Temperaturgrenze, eigentlich nur darin, daß es nur gewisse, ganz bestimmte Zellgebiete des Blattes sind, die derartig auf die Außentemperatur reagieren. Diesen Umstand hatte Molisch bei seiner Parallele außer acht gelassen. Wir haben bei der Panaschüre mit einer gewissen Differenzierung einzelner Zellgruppen zu rechnen, und es ist nun die weitere Frage, wie weit man den ganz zweifellos bestehenden Einfluß der Temperatur auf die Chlorophyllsynthese auch auf eine solche Differenzierung auszudehnen hat.

Wir können diese Frage auch so stellen: Bestehen Anhaltspunkte dafür, daß eine tiefe Temperatur als Ursache, vielleicht als alleinige Ursache in Betracht kommen könnte? Die Differenzierung in weiße und grüne Blattgruppen scheint hier als erstes einige Schwierigkeiten zu machen. Es darf jedoch erwähnt werden, daß eine Differenzierung äußerlich ganz gleichartiger Zellgebiete bei einer Reaktion auf eine gewisse Veränderung der Außenbedingungen auch sonst nicht unbekannt ist. Ich möchte nur, weil gerade dieser Fall näheres Interesse besitzt, noch einmal an die schon erwähnten Unterkühlungserscheinungen an Blättern erinnern, wobei stets ganz lokal begrenzte Gebiete ergriffen werden, während andere, die derselben Frosttemperatur ausgesetzt waren, davon unberührt bleiben. In umgekehrter Weise wurde eine solche Differenzierung ja auch beim Ergrünungsvorgang an *Brassica* beobachtet und hier sogar auf einzelne Bestandteile derselben Zelle ausgedehnt. Somit dürfte also dieser eine Punkt keine unüberwindbaren Hindernisse darbieten, da er auf eine allgemeine Erscheinung zurückgeführt werden könnte. Die Beobachtungen über eine gewisse Altersdifferenzierung des Blattrandes gegenüber dem Zentrum (S. 208 u. 214) gehören hierher.

Es bestehen nun aber noch weitere Tatsachen, die eine ursächliche Rolle tiefer Temperaturen bei der Entstehung einer Panaschüre zunächst nicht so ganz unwahrscheinlich machen. In erster Linie sind hier die Befunde GASSNERS (21) zu nennen, aus denen man unmittelbar den Schluß auf eine experimentelle Erzeugung einer Panaschierung durch Kälteeinwirkung ziehen könnte. Da diese Angabe jedoch vorerst noch vereinzelt dasteht, so kann der Einwand nicht widerlegt werden, daß es sich hier nur um eine „verkappte" Panaschüre gehandelt habe, in ähnlicher Weise, wie ja auch *Brassica* unter sommerlichen Temperaturen keine Spur einer Panaschierung erkennen läßt. In dieser Richtung wären weitere Versuche dringend erwünscht. Ein anderes Beispiel, das hier angeführt werden muß, bietet SORAUER (73), der erwähnt, daß junge Triebe (vor allem Hyacinthen), die unter einer Schneedecke etiolierten, zuweilen ganz, zuweilen aber auch nur an einzelnen Stellen die Fähigkeit verlieren, bei nachträglicher Belichtung zu ergrünen. Auf diese Weise kann mitunter ein Habitus entstehen, der ganz dem einer panaschierten Pflanze gleicht. Wichtiger erscheint mir jedoch an diesen Beobachtungen der Umstand, daß es offenbar eine *Fixierung eines durch Kälte hervorgerufenen chlorotischen Zustandes* gibt, bei dem auch nachträgliche Temperaturerhöhung keinen Einfluß mehr auszuüben vermag. Die Angaben BUCKS (14) über den weißen *Asparagus*-Trieb gehören auch hierher. Denn damit würde ein Anschluß gewonnen zu denjenigen panaschierten Objekten, die auf eine Temperatursteigerung nicht mehr reagieren. Wenn ich nämlich auch vermute, daß sich manches Objekt, dem äußerlich keine Reaktionsfähigkeit anzumerken ist, noch als mehr oder weniger thermolabil erweisen dürfte, so muß doch ohne weiteres damit gerechnet werden, daß eine beträchtliche Anzahl von typischen Bewohnern unserer

Warmhäuser allen, ja nur beschränkt möglichen, Angriffen trotzt (*Caladien* usw.). Gerade diese letzteren scheinen ja einen ganz eindeutigen Beweis dafür zu bieten, daß an eine alleinige ursächliche Wirkung tiefer Temperaturen nicht gedacht werden kann. Gibt es jedoch eine Fixierung einer wie auch immer entstandenen Chlorose, so liegt wohl kein zwingender Grund vor, diese Fixierung von der Vererbbarkeit auszuschließen. Auf diese Weise könnten dann auch thermostabile panaschierte Pflanzen sich von einer ursprünglichen Kälteeinwirkung ableiten lassen.

Trotzdem besteht natürlich kein eigentlicher gesicherter Beweis, der es rechtfertigte, diese Möglichkeiten aus dem Rahmen einer vorläufigen Erwägung herauszuheben. Im Gegenteil scheint mir doch so manches, vor allem aber die Versuche an Stecklingen, die vorstehend beschrieben wurden, mehr darauf hinzudeuten, daß es sich bei der Einwirkung höherer Temperaturen lediglich um eine mehr oder weniger weitgehende Überwindung einer bestehenden Hemmung handelt. Vor allem der Umstand, daß z. B. an *Cornus* die Panaschüre sofort wieder erscheint, wenn die Temperatur nur wenig sinkt, und daß die Zweige von *Acer Negundo* nach dreimonatlichem Aufenthalt im Warmhaus immer noch eine gewisse Unterschiedlichkeit in der Stärke des Farbtones erkennen lassen, und zwar auch an neu ausgebildeten jungen Blättern, läßt mich in dieser Frage nicht weiter gehen als zu der Formulierung: *Der Vorgang, der zur Panaschüre führt, ist derartig, daß ihm durch eine Temperaturerhöhung mehr oder weniger entgegengewirkt werden kann.* Es scheint noch ein zweiter Faktor im Spiele zu sein, dessen Natur vollkommen ungeklärt bleiben muß, und der in der Erscheinung einer Differenzierung einzelner Zellgebiete und Einzelzellen nur eben umschrieben werden kann. Das eine aber scheint mir des weiteren aus den vorstehenden Erörterungen eindeutig hervorzugehen, *daß nämlich die Analogien, die zwischen der Thermolabilität mancher panaschierter Objekte und zwischen der Allgemeinerscheinung einer Hemmung der Chlorophyllsynthese durch niedrige Temperaturen bestehen, ihrem Mechanismus nach so eng sind, daß von einer Aufklärung dieser letzten Erscheinung, die ja in ihrem funktionellen Wesen noch gänzlich unbekannt ist, viel, wenn nicht alles, auch für das Problem der Panaschüre erwartet werden darf.* Dabei wird man auch die Eisenchlorose in den Umkreis der Untersuchungen einzubeziehen haben, da auch im Mechanismus dieser Erkrankung vielleicht eine engere Verwandtschaft mit der Panaschierung bestehen dürfte.

Über die eigentliche Rolle der Temperatur beim Aufbau des Chlorophylls sind wir bis jetzt fast nur auf Vermutungen angewiesen. Überblickt man die Ergebnisse meiner stoffwechselphysiologischen Untersuchungen an panaschierten Objekten, so zeigt sich in allen aufgefundenen Verschiedenheiten zwischen den weißen und grünen Zellgebieten zwar ein ganz bestimmtes und charakteristisches Bild von einer Ein-

heitlichkeit, das in Anbetracht der recht verschiedenen Typen der Panaschierung, die zur Untersuchung herangezogen wurden, zunächst fast
überraschend erscheinen könnte. Überraschend jedoch nur so lange, als
man das eigentliche Charakteristikum der Panaschüre, das Fehlen des
Chlorophylls und seiner Funktion, vernachlässigte. Dieser Ausfall einer
Tätigkeit, die das gesamte Leben des Blattes wie keine andere bestim-
mend beherrscht, ist in seinen physiologischen Folgen bisher nie richtig
in Erwägung gezogen worden. Das muß aber selbst dann noch als unberechtigt erscheinen, wenn ein unmittelbarer Zusammenhang gewisser
Stoffwechseldifferenzen mit der Assimilation wegen der Vielgestaltigkeit
der physiologischen Auswirkungen nicht nachgewiesen werden kann. Zu
welchen Irrtümern die Vernachlässigung dieses wichtigsten Umstandes
führen kann, zeigte die Untersuchung des Eiweißstoffwechsels. Hier
trat ganz klar die Wirkung der Kohlehydrate auf das Gleichgewicht der
N-Fraktionen zutage. Auch bei der Intensität der Atmungsprozesse
konnte ein solcher bestimmender Einfluß nachgewiesen werden. Schwieriger, weil in ihrer allgemeinen Charakteristik unsicherer, gestaltete sich
nur die Deutung der Fermentverteilung, doch scheint wenigstens für die
Peroxydasen ein Zusammenhang mit der Assimilation durchaus wahrscheinlich. Mit dieser Feststellung der zentralen Stellung der Photosynthese und ihres Einflusses auf alle anderen stoffwechselphysiologischen
Vorgänge entzog sich nun aber das Grundproblem der Panaschüre um
so mehr einer weiteren experimentellen biochemischen Erforschung, je
weniger unsere derzeitige Methodik den Anforderungen, die jetzt gestellt
werden müßten (Erfassung von Zwischenvorgängen, quantitative Mes-
sung der Oxydationspotentiale usw.), schon gewachsen ist. Wir konnten
nur feststellen, daß alle bis jetzt untersuchten Teilgebiete des Stoffwechsels der weißen Teile keine grundsätzlichen Anomalien zeigen, die
mit einem Ausbleiben der Chlorophyllsynthese in ursächliche Verbindung gebracht werden könnten, sondern daß sie alle in verschiedenem
Maße durch Zuckerfütterung zu beeinflussen sind.

Man wird sich nun aber doch fragen müssen, *ob überhaupt eine solche
grundsätzliche Anomalie erwartet werden muß und darf*. Alle grundlegenden Funktionen des Stoffwechsels sind ja, wie die Untersuchung zeigte,
ihrem Mechanismus nach vollkommen intakt, so daß ein normales Leben
ermöglicht ist bis auf den einzigen Faktor der Chlorophyllsynthese, der
unter den obwaltenden Umständen nicht als lebensnotwendig bezeichnet
werden kann. Wir kennen ja auch an jedem normalen Pflanzenkörper
genügend Zellgruppen, die niemals zu einer Farbstoffbildung schreiten.
Selbst an den eigentlichen Assimilationsorganen, den Blättern, bleiben
ganze Zellschichten (Epidermis, Hypodermis usw.) farblos, ohne daß
diese Zellen als krank angesehen werden könnten.

Nun legen vor allem die Beobachtungen der Thermolabilität sowie die Analogien beim Ergrünen normaler Pflanzen bei niedrigen Temperaturen den Gedanken nahe, daß der Einfluß der Temperatur nicht so sehr in qualitativer als vielmehr in quantitativer Richtung zu suchen ist, daß *ein gewisses Maß des energetischen Umsatzes erreicht werden muß, wenn es zur Chlorophyllsynthese kommen soll*. Man könnte ja zunächst auch daran denken, daß die Hemmung, die einem Farbstoffaufbau entgegensteht, ganz partieller Natur ist, daß es nur eine ganz bestimmte Stelle im Ablauf der Synthese ist, über die der Prozeß nicht oder doch nur bei höherer Temperatur hinweggeführt werden kann. Bei einer solchen Hemmung müßten intermediäre Zwischenkörper auftreten, die durch Ansammlung im Sinne einer chemischen Massenwirkung den gesamten Vorgang abstoppen müßten. Auch eine sekundäre Bindung solcher Zwischenprodukte („Hemmkörper") und damit die Irreversibilität des Vorganges, wäre auf diese Weise denkbar.

Ich habe mancherlei Versuche unternommen, um in dieser Richtung weiter vorzustoßen, Versuche, die alle das Ziel hatten, die Temperaturwirkung durch Eingriffe chemischer Natur zu ersetzen, — bis jetzt jedoch mit vollkommen negativem Erfolg. So wurden, um nur etwas herauszugreifen, in Verfolgung von Gedankengängen, die sich beim Studium der Peroxydasen und bei Berücksichtigung der vermutlichen Rolle des Eisens bei der Eisenchlorose ergaben, teils Wasserstoffakzeptoren oder Körper, die durch Autoxydation leicht in solche übergehen (Chinhydron, Aldehyde usw.), teils Peroxyde und direkte Oxydationsmittel geboten, ohne daß eine nennenswerte Reaktion hätte erzielt werden können.

Es erscheint nun aber auch aus anderen Gründen wahrscheinlich, daß eine solche, nur lokale Hemmung nicht vorhanden ist. Dagegen sprechen vor allem die Beobachtungen über das teilweise und unvollständige Ergrünen. Es ging schon aus den Untersuchungen von KRÄNZLIN (32) hervor, daß in den meisten panaschierten Blättern geringe Mengen von Chlorophyll gebildet werden. Es ist aber sicher sehr bemerkenswert, daß bei den Fällen eines durch Temperaturerhöhung angeregten Chlorophyllaufbaus nur *ein gewisser Grad der Farbstoffbildung* erreicht wird, der hinter dem der normalgrünen Teile zurückbleibt. Die Bedingungen sind ja ganz sichtlich gegeben, daß Chlorophyll gebildet wird, die Synthese beginnt auch, und man müßte nun erwarten, daß damit, wenn vielleicht auch langsamer, die normale Stärke des Farbtones erreicht werden müßte. Das ist aber, wie die Beobachtung zeigt, keineswegs der Fall, sondern die Farbstoffbildung kommt früher zum Stillstand. Auch bei *Brassica*, bei der ja bei genügend hoher Temperatur am leichtesten ein vollkommener Farbausgleich erzielt werden kann, waren im Freiland häufig die eigentümlich gelbgrünen Flächen zu beobachten, die bei konstanten Außenbedingungen ihren Farbton nicht weiter vertieften.

Nun muß darauf aufmerksam gemacht werden, daß auch unter nor-

malen Umständen und an normalen Pflanzen der Farbstoffbildung ganz
bestimmte Grenzen gesetzt sind, die je nach der Art außerordentlich
verschieden sind. Die mannigfachen Untersuchungen über die Menge
der Blattfarbstoffe und ihre quantitative Beziehung zur Assimilation
sind ja bekannt. Die WILLSTÄTTERschen (82) Messungen zeigten, daß
auch ein geringer Gehalt an Chlorophyll zu einer normalen Assimilation
genügt. Immerhin ist diese auffällige Erscheinung doch recht beachtens-
wert. Wir kennen aber auch auf anderen physiologischen Gebieten, und
nicht nur in der Botanik, die Erscheinung, daß ein Vorgang zwar verläuft,
daß er aber auf einer gewissen und manchmal anormal niederen Grenze
stehen bleibt. Es mag hier nur an das ausgeprägte Bild der Blutarmut er-
innert werden, bei der die roten Blutkörperchen in nicht genügender Zahl
gebildet werden. (Man vergleiche auch die dabei übliche Eisentherapie!)
Die Verknüpfung solcher Erscheinungen mit dem Ablauf des gesamten
Stoffwechsels in quantitativer Richtung liegt außerordentlich nahe.

Fassen wir hier noch einmal unsere Kenntnisse über den Stoffwechsel
eines panaschierten Objektes, z. B. bei *Brassica oleracea*, zusammen,
wobei die Eiweißverhältnisse als sicher sekundär außer acht gelassen
werden können, so haben wir bei erhöhtem Peroxydase- und erniedrig-
tem Katalasegehalt einen durch die vorhandenen Kohlehydrate in seinem
Ausmaß bedingten, niedrigeren energetischen Umsatz in den weißen
Gewebeteilen zu verzeichnen. Es war in den vorhergehenden Abschnitten
wiederholt darauf hingewiesen worden, daß wir keinen Grund haben,
einen Hungerzustand dieser Zellen anzunehmen, sondern daß diese Verschiedenheiten viel wahrscheinlicher als Ausdruck einer gewissen Trägheit
der energetischen Umsetzungen anzusehen sein dürften. Wir sahen zwar,
daß die Atmungsintensität durch eine Zuckerfütterung ganz beträchtlich
gesteigert werden kann, und daß also keine funktionelle Hemmung des
Betriebsstoffwechsels vorliegt. Es war aber schon damals darauf aufmerksam gemacht worden, daß diese Messungen der Atmungsintensität
bei einer Temperatur von 28,4° vorgenommen wurden, einer Temperatur,
die an und für sich schon ohne jede Zuckerfütterung zu einem Ergrünen
führen kann. Man kann in der Kälte weiße Blatt-Teile wochenlang mit
Zucker ernähren, wobei sich die N-Differenzen vollkommen ausgleichen,
ohne daß auch nur eine Spur eines Ergrünens sichtbar wird. Letzteres
setzt erst ein, wenn die Temperatur gesteigert wird, es setzt verstärkt
ein, wenn gleichzeitig Zucker geboten wird. Gerade dieser letzte Umstand kann doch wohl nicht anders als in energetischem Sinne gedeutet
werden. Und darum neige ich zu der Ansicht, *daß ein gewisses Ausmaß
und eine gewisse Geschwindigkeit des energetischen Umsatzes erreicht werden muß, wenn eine Chlorophyllsynthese erfolgen soll.* Dieses Ausmaß
wird durch eine Steigerung der Atmungsintensität durch Zuckerfütterung
allein noch nicht erreicht (auch nicht durch angegorene Zuckerlösungen

und andere Stimulatoren der reinen Atmung), es wird erreicht durch eine Beschleunigung des ganzen Stoffwechselgetriebes durch hohe Temperatur, es wird in beschleunigtem Maße erreicht, wenn außerdem noch ein weiteres Stimulans, in unserem Falle also Zucker, geboten wird. Die Einwirkung der Temperatur ist auch in Beziehung auf den reinen Atmungsvorgang umfassender als die des Zuckers. *So sehe ich in den normal anzutreffenden Stoffwechseldifferenzen, hohem Peroxydase, niederem Katalasegehalt und niedrigerer Atmungsintensität, nur einen Ausdruck eines insgesamt trägeren Stoffumsatzes,* wobei, wie gesagt, die Ursache einer auch energetischen Differenzierung einzelner Zellen und Zellgruppen vollkommen dahingestellt bleiben muß. Aber auch in diesem Punkte scheint mir das Studium der allgemeinen Abhängigkeit der Chlorophyllbildung von der Höhe der Außentemperatur sehr aufschlußreich, und ich möchte mir weitere Versuche in dieser Richtung vorbehalten. Einstweilen sind die vorstehend angedeuteten Gedankengänge nichts weiter als eine Arbeitshypothese. Ich betrachte es jedoch als ein wesentliches Ergebnis der vorliegenden Arbeit, daß eine gewisse Richtung gewiesen ist, und daß sich aus der ungeheuren Fülle der Möglichkeiten nunmehr eine bestimmtere Gruppe herauszuschälen beginnt.

Zusammenfassung der wichtigsten Ergebnisse.

1. Die Panaschüre ist in ihrem Stickstoffwechsel gekennzeichnet durch einen verminderten Eiweiß- und vermehrten löslichen N-Gehalt des weißen Gewebes, welch letzterer neben Aminosäuren prozentual vor allem durch Amide bestimmt wird. Zuweilen finden sich Nitrate. Diese Differenz der N-Fraktionen gegenüber dem grünen Gewebe ist sekundärer Natur und durch den Ausfall der unmittelbaren Assimilationsprodukte bedingt. Eine Zuckerzufuhr ruft eine lebhafte Eiweißsynthese hervor die bei *Brassica* bis zu Werten führt, die voll ergrünten Blättern entsprechen. Dabei werden auch Nitrate reduziert. Der normal niedrigere Eiweißgehalt ist keine Hemmung für die Chlorophyllsynthese, die unter geeigneten Umständen bei weit geringeren Werten erfolgen kann.

2. Das weiße Gewebe ist im Vergleich zu dem grünen ärmer an Kohlehydraten. Trotzdem kann die Ursache der Panaschierung nicht in einem Hungerzustand gesehen werden. Der Zuckergehalt der ergrünendes Zellen kann im Verlauf des Ergrünungsvorganges bis auf ein Drittel des Anfangswertes absinken.

3. Das weiße Gewebe atmet schwächer. Die verringerte Atmungsintensität steht jedoch in enger Verbindung mit der Menge der vorhandenen Kohlehydrate und kann bei hoher Temperatur durch Zuckerfütterung bis über das Maß der grünen Blatt-Teile hinaufgedrückt werden. Dabei läßt der Atmungsquotient keine grundsätzliche Veränderung im Mechanismus der Atmung erkennen. Die Annäherung an den Wert 1

zeigt vielmehr, daß Zufuhr und Verbrauch sich in einem Gleichgewicht
befinden.

4. Das weiße Gewebe enthält mehr Peroxydasen. Es fehlt jeglicher
Beweis für eine zerstörende Wirkung der erhöhten Fermentmenge auf
vorhandenes Chlorophyll. Vielmehr entspricht diesem erhöhten Peroxydasengehalt eine erniedrigte Atmungsintensität. Bei *Brassica* besteht
eine Beziehung zwischen der Menge der Peroxydasen und den Assimilationsprodukten. Die Peroxydasendifferenz wird unter Berücksichtigung
der Atmungsbefunde als eine notwendige Potentialerhöhung gedeutet,
die durch ein verändertes Substrat oder eine Erschwerung der Oxydationsprozesse hervorgerufen wird.

5. Das weiße Gewebe enthält weniger Katalase. Die Katalasedifferenz verhält sich gegen äußere Einflüsse ziemlich konstant. Die Befunde
lassen sich in Anlehnung an die Deutung des erhöhten Peroxydasengehaltes als ein Ausdruck eines trägeren energetischen Umsatzes dem
Gesamtstoffwechsel einordnen.

6. Der Ergrünungsvorgang und seine Abhängigkeit von der Temperatur wird genauer beschrieben und erörtert. Die mikroskopische Untersuchung des Ergrünungsprozesses an der kältelabilen *Brassica*-Varietät
zeigt, daß der Vorgang eine spezifische Zellreaktion ist. Die Geschwindigkeit und Intensität des Ergrünens kann unter gleichen Außenbedingungen nicht nur für verschiedene Zellen, sondern sogar für die
verschiedenen Plastiden derselben Zelle verschiedene Ausmaße erreichen.
Die Panaschüre ist eine unter Umständen reversible Erscheinung. Die
Temperaturlabilität ist verbreiteter, als bisher angenommen wurde.
Es konnte an zwei neuen Fällen, an *Acer Negundo* und *Cornus alba*,
durch Einwirkung hoher Temperaturen eine Chlorophyllsynthese in den
weißen Gebieten durchgesetzt werden. Das Studium dieser Temperaturlabilität ergibt in der Analogie zu der allgemeinen Abhängigkeit des
Chlorophyllaufbaus von der Temperatur einen Ausblick auf eine allgemeine Lösung des Problems.

Die vorliegende Arbeit wurde in der Zeit von Frühjahr 1926 bis
Herbst 1927 im Botanischen Institut der Universität Leipzig ausgeführt.
Die Anregung dazu gab mein verehrter Lehrer, Herr Prof. Dr. Ruhland, dem ich dafür sowie für die dauernde Förderung, die er mir und
meinen Arbeiten zuteil werden ließ, auch an dieser Stelle Dank sagen
möchte. Ferner bin ich den Herren Privatdoz. Dr. Bachmann und
Dr. Ullrich, in ganz besonderem Maße aber Herrn Privatdoz. Dr. Wetzel
für seine vielseitige Unterstützung zu großem Dank verpflichtet.

Literatur.

1. **Alvarado:** Die Entstehung der Plastiden aus Chondriosomen in den Paraphysen von *Mnium cuspidatum.* Ber. d. Dtsch. bot. Ges. **41.** 1923. — 2. **Bach** und **Zubkowa:** Fermentzahlen des Blutes. Biochem. Zeitschr. **125.** 1921. — 3. **Bach** und **Oparin:** Fermentbildung in keimenden Pflanzensamen. Ebenda **134.** 1923. — 4. Dies.: Sauerstoff und Fermentbildung. Ebenda **148.** 1924. — 5. **Bach, Oparin, Walmer:** Fermentgehalt von reifenden Samen. Ebenda **180,** 1927. — 6. **Baur:** Das Wesen und die Erblichkeitsverhältnisse der „varietates albomarginatae“ hort. von *Pelargon. zonale.* Zeitschr. f. indukt. Abstammungs- u. Vererbungslehre 1. 1909. — 7. Ders.: Untersuchungen über die Vererbung von Chromatophorenmerkmalen bei *Melandrium, Antirrhinum* und *Aquilegia.* Ebenda **4.** 1910. — 8. **Benecke:** Lehrbuch der Pflanzenphysiologie. 1923. — 9. **Beijerinck:** Über ein Contagium vivum fluidum als Ursache der Fleckenkrankheit der Tabaksblätter. Zentralbl. f. Bakteriol., Parasitenk. u. Infektionskrankh., Abt. II **5.** 1899. — 10. **Biedermann** und **Jernakoff:** Salzhydrolyse der Stärke. IV. Biochem. Zeitschr. **150.** 1924. — 11. **Boresch:** Die Färbung von Cyanophyceen und Chlorophyceen in ihrer Abhängigkeit vom N-Gehalt des Substrates. Jahrb. f. wiss. Botanik **52.** — 12. **Boyce, D.** Ezell and **John W.** Christ: Effect of certain nutrient Conditions on Activity of Oxidase and Catalase. Agricult. Experim. Station Michigan State College of Agriculture and Applied Science. Technic. Bull. **78.** 1927. — 13. **Breslawez:** Sur la peroxydase dans les plantes à feuilles panachées (russisch), zitiert nach Smirnow. 1926. — 14. **Buck:** Zitiert nach Gassner. 1915. — 15. **Burge, W. E.** and **Burge, E. L.:** Effect of Temperature and Light on Catalase Content of *Spirogyra.* Botan. Gaz. **77.** 1924. — 16. **Church:** Zitiert nach Sorauer, Handbuch der Pflanzenkrankheiten (vgl. Botan. Zeitschr. 1888, S. 87). — 17. **Colin** et **Grandsire:** Mineralis. des feuilles vertes et des feuilles chlorotiques. Cpt. rend. des séances hebdom. de l'acad. des sciences Paris **181.** 1925. — 18. **Elfving:** Über eine Beziehung zwischen Licht und Etiolin. Arb. a. d. Instit. Würzburg II, 495. — 19. **Figdor:** Über die panaschierten und dimorphen Laubblätter einer Kulturform der *Funkia lancifolia* Spreng. Anz. d. Kais. Akad. d. Wiss. Wien 1914. XXVI. — 20. **Funaoka:** Beiträge zur Kenntnis der Anatomie panaschierter Blätter. Biol. Zentralbl. **44.** 1924. — 21. **Gassner:** Über einen Fall von Weißblättrigkeit durch Kältewirkung. Ber. d. Dtsch. botan. Ges. **33.** 1915. — 22. **Geisenheyner:** Zitiert nach Küster: Zur Ätiologie d. Panasch. — 23. **Gertz:** Über die Oxydasen der Algen. Biochem. Zeitschr. **169.** 1926. — 24. **Golzow** und **Jankowsky:** Zur Methodik der Bestimmung der Blutkatalase. Ebenda **185.** 1927. — 25. **Gracanin:** Über das Verhältnis zwischen Katalaseaktivität und Samenvitalität. Ebenda **180.** 1927. — 26. **Haberlandt:** Über den Einfluß des Frostes auf die Chlorophyllkörner. Österr. botan. Zeitschr. **26.** 1876. — 27. **Hagedorn** und **Jensen:** Zur Mikrobest. des Blutzuckers mittels Ferricyanid. Biochem. Zeitschr. **135.** 1923. — 28. **Heinricher:** Rückgang der Panasch. u. ihr völliges Erlöschen als Folge verminderten Lichtgenusses. Flora **109.** 1917. — 29. **Junger:** Zitiert nach Küster: Zur Ätiol. d. Panasch. — 30. **Kanngießer:** Über Netzpanaschierung bei *Oxalis acetosella.* Naturwiss. Wochenschr. **12.** 1913. — 31. **Kießling:** Über eine Mutation in einer reinen Linie von *Hordeum distichum.* Zeitschr. f. indukt. Abstammungs u. Vererbungslehre **19.** 1918. — 32. **Kränzlin:** Anatom. u. farbstoffanalyt. Untersuchungen an panasch. Pflanzen. Diss. Berlin 1908. — 33. **Krauß:** Zitiert nach Sachs: Lehrbuch der Botanik. III. Aufl. — 34. **Kümmler:** Über die Funktion der Spaltöffnungen weißbunter Blätter. Jahrb. f. wiss. Botanik **61.** 1922. — 35. **Küster:** Über amöboide Formveränderungen d. Chromatophoren höherer Pflanzen. Ber. d. Dtsch. botan. Ges. **29.** 1911. — 36. Ders.:

Pathologische Pflanzenanatomie. 1925. — 37. Ders.: Zur Ätiologie der Panasch. Zeitschr. f. Pflanzenkrankh. **36.** 1926. — 38. Ders.: Anatomie des panasch. Blattes. Linsbauers Handb. d. Pflanzenanatomie 8. 1927. *Daselbst ausführliche Spezialliteratur über die Panaschüre.* — 39. **Lakon:** Der Eiweißgehalt panasch. Blätter, geprüft mittels des mikroskop. Verfahrens von Molisch. Biochem. Zeitschr. **78.** 1917. — 40. **Laurent, Marchal** et **Carpiaux:** Recherches expérimentales sur l'assimisation de l'azote ammoniacal et de l'azote nitrique par les plantes supérieures. Bull. de l'acad. de Belgique **32.** 1896. — 41. **Liro:** Über photochemische Chlorophyllbildung 1908. — 42. Ders.: Beiträge zur Kenntnis der Chlorophyllbildung bei Kryptogamen u. Pteridophyten. 1911. — 43. **Lübimenko:** Bul. du Jard. Imp. Bot. **16,** liv. I. Petrograd 1916 (russisch). — 44. **Magnus-Schindler:** Über den Einfluß der Nährsalze auf die Färbung der Oscillarien. Ber. d. Dtsch. botan. Ges. **30.** 1912. — 45. **Molisch:** Über eine Panasch. des Kohls. Ebenda **19.** 1901. — 46. **Molliard:** L'azote et la chlorophylle dans les galles et les feuilles panachées. Cpt. rend hebdom. des séances de l'acad. des sciences Paris **152.** 1911. — 47. Ders.: L'azote dans les feuilles panachées et les feuilles normales dépourvues de chlorophylle. Bull. de la soc. botan. **51.** 1912. — 48. **Mothes:** Ein Beitrag zur Kenntnis des N-Stoffwechsels höherer Pflanzen. Planta **1.** 1926. — 49. **Noack, K. L.:** Entwicklungsmechanische Studien an panasch. Pelargon. Jahrb. f. wiss. Botanik **61.** 1922. — 50. Ders.: Vererbungsversuche an buntblättrigen Pelargonien. Verhandl. d. phys. med. Ges. Würzburg, N. F. **49.** 1924. — 51. Ders.: Weitere Untersuchungen über das Wesen der Buntblättrigkeit bei Pelargonien. Ebenda **50.** 1925. — 52. **Noack, Kurt:** Untersuch. über lichtkatalytische Vorgänge. Zeitschr. f. Botanik **12.** 1920. — 53. Ders.: Photochemische Wirkungen des Chlorophylls und ihre Bedeutung für die CO_2-Assimilation. Ebenda **17.** 1925. — 54. **Oparin:** Oxydationsvorgänge in der lebenden Zelle. Biochem. Zeitschr. **182.** 1927. — 55. **Oppenheimer:** Lehrbuch der Enzyme. 1927. — 56. **Palladin:** Ergrünen und Wachstum d. etiolierten Blätter. Ber. d. dtsch. botan. Ges. **9.** 1891. — 57. Ders.: Einfluß d. Konzentration d. Lösung auf die Chlorophyllbildung in etiolierten Blättern. Ebenda **20.** 1902. — 58. Ders. und **Manskaja:** Entstehung der Peroxydase in der Pflanze. Biochem. Zeitschr. **135.** 1923. — 59. **Pantanelli:** Studii sul albinismo nel regno vegetale. Malpighia XV—XIX. 1902—1905. — 60. Ders.: Über Albinismus im Pflanzenreich. Zeitschr. f. Pflanzenkrankh. **15.** 1905. — 61. **Plester:** Kohlensäureassimilation und Atmung bei Varietäten derselben Art, die sich durch Blattfärbung unterscheiden. Cohns Beiträge zur Biolog. der Pflanzen XI. 1912. — 62. **Rhine:** Divergence of Catalase and Respiration in Germination. Botan. Gaz. **79.** 1925. — 63. **Sachs:** Lehrbuch der Botanik. III. Aufl. — 64. **Saposchnikoff:** Die Stärkebildung aus Zucker in Laubblättern. Ber. d. Dtsch. botan. Ges. **7.** 1889. — 65. **v. Szent-György:** Zellatmung. Biochem. Zeitschr. **150.** — 66. Ders.: Zellatmung. V. Ebenda **162.** — 67. **Schaffnit und Böning:** Die Mosaikkrankheit der Rübe. Forsch. auf d. Geb. d. Pflanzenkrankh. u. Immunität im Pflanzenreich 3. H. 1927. — 68. **Schumacher:** Stoffwechselphysiolog. Untersuch. an panasch. Pflanzen. Planta **3.** 1927. — 69. **Schürhoff:** Die Plastiden. Linsbauers Handbuch der Pflanzenanatomie 1. 1924. — 70. **Siebert:** Ergrünungsfähigkeit von Wurzeln. Diss. Kiel 1920. — 71. **Smirnow:** Atmungsintensität und Peroxydasemenge in Blättern von *Acer Negundo.* Ber. d. Dtsch. botan. Ges. **44.** 1926. — 72. **Smith:** On a curious Effect of Mosaic Disease upon the Cells of the Potato Leaf. Ann. of Botany **38.** 1924. — 73. **Sorauer:** Handbuch der Pflanzenkrankheiten 1. 3. Aufl. 1909. — 74. **Timpe:** Beiträge zur Kenntnis von Panasch. Diss. Göttingen 1900. — — 75. Ders.: Panasch. und Transplantation. Jahrb. d. Hamburg. wiss. An-

stalten **24,** Beih. 3. 1906. — 76. **Thomas** and **Dutscher, Adams:** The Colori-
metric Determination of Carbohydrates in Plants by the Picric.-Acid-Reduc-
tions Method. Journ. of the Americ. Chem. Soc. **46.** 1924. — 77. **Ucko** und
Bansi: Über Peroxydase. Zeitschr. f. physiol. Chem. **164.** 1927. — 78. **Ullrich:**
Die Rolle der Chloroplasten bei der Eiweißbildung in den grünen Pflanzen.
Zeitschr. f. Botanik. 1924. — 79. **Warburg:** Über die Reduktion der Salpeter-
säure in den grünen Zellen. Biochem. Zeitschr. **110.** 1920. — 80. **Weevers:**
The first carbohydrates that originate during the assimilatory process. A phy-
siological study with variegated leaves. Koninkl. Acad. Wetensch. Amsterdam.
1923. — 81. **Weidlich:** Gartenflora **2,** III. 1904. — 82. **Willstätter** und **Stoll:**
Untersuch. über die Assim. der Kohlensäure. 1918. — 83. Dies.: Über Peroxydase. I. Liebigs Ann. d. Chem. **416.** 1918. — 84. **Willstättter:** Über Peroxydase. II. Ebenda **422.** 1920. — 85. Ders. und **Pollinger:** Über Peroxydase.
III. Ebenda **430.** 1922/23. — 86. **Willstätter:** Über Peroxydase. IV. Ebenda **430.**
1923. — 87. Ders. und **Weber:** Zur quant. Best. der Peroxydase. V. Ebenda
449. 1926. — 88. Dies.: Über Hemmungen d. Peroxydase durch H_2O_2. VI.
Ebenda **449.** 1926. — 89. **Winkler:** Untersuchung über die Stärkebildung in
den verschiedenen Chromatophoren. Jahrb. f. wiss. Botanik **32.** 1898. —
90. **Woods:** The destruction of chlorophyll by oxydizing enzymes. Zentralbl. f.
Bakteriol., Parasitenk. u. Infektionskrankh., Abt. II. **5.** 1899. — 91. **Zimmermann:** Über die Chromatophoren in panasch. Blättern. Ber. d. Dtsch. botan.
Ges. **8.** 1890. — 92. Ders.: Beiträge zur Morphologie und Physiologie der
Pflanzenzelle. 1893. — 93. Ders.: Landw. Annal. d. Mecklenb. patr. Vereins
46 und **47.** 1906—1908. Zitiert nach Gassner. — 94. **Zirkle:** The Structure of
the Chloroplaste in certain higher Plants. Americ. Journ. of Botany **13.**

Nachtrag.

Nach Abschluß meiner Arbeit wurde ich auf eine Untersuchung von A. GRAND-
SIRE: Le chimisme des feuilles privées de chlorophylle (Ann. d. sc. nat. bot. X.
sér. 8) aufmerksam, die eine Analyse von weißen und grünen Trieben verschiedener panaschierter Arten enthält. Unter Ausschluß der Atmung und der Fermente, die nicht untersucht wurden, findet hier auch GRANDSIRE die weißen Organe ärmer an Eiweiß und Kohlehydraten und reicher an löslichen N-Verbindungen (Trockensubstanz), wobei allerdings betont werden muß, daß sich seine
Zahlen nur auf ganz weiße und ganz grüne Sprosse beziehen und nicht wie bei
mir auf Teile desselben Blattes, so daß bei der oft langsameren Entwicklung
der weißen Triebe mit starken individuellen Unterschieden gerechnet werden
muß. Auf eine experimentelle Untersuchung der Stoffwechseldifferenzen ist
GRANDSIRE nicht eingegangen. Die titrimetrische Azidität wurde bei grünen
Organen etwas höher gefunden, doch fehlen leider die physiologisch wichtigeren
p_H-Werte. Auch die aus der Alkalität der Asche abgeleiteten organischen Säure-
mengen gestatten kaum eine Diskussion. Die Aschenanalyse bestätigte im wesentlichen die Ergebnisse von CHURCH. Interessant erscheint dagegen der Hinweis,
daß das charakteristische Analysenbild der weißen Zweige eine enge Parallele
findet in den Befunden an heterotrophen Phanerogamen, was nach den vorstehenden Erörterungen über die zentrale Stellung des Assimilationsprozesses im Gesamtstoffwechsel durchaus verständlich ist.

Lebenslauf.

Ich bin am 3. Juli 1901 in Pforzheim (Baden) als Sohn des Apothekers Dr. Adolf Schumacher und seiner Frau Minna geb. Haulick geboren. Nach Absolvierung des dortigen humanistischen Gymnasiums, das ich im Jahre 1920 mit dem Zeugnis der Reife verließ, trat ich in Würzburg als Praktikant in die Rosenapotheke ein, wo mir Gelegenheit gegeben wurde, an der Universität Vorlesungen in Chemie, Botanik, und Physik zu hören. Nach Ablegung des pharmazeutischen Vorexamens im Herbst 1922 war ich ein Jahr als Assistent in der Kurprinzapotheke in Leipzig tätig, um dann hier im Wintersemester 1923/24 an der Universität das pharmazeutische Studium aufzunehmen. Im November 1925 legte ich vor der pharmazeutischen Prüfungskommission das Staatsexamen ab und wandte mich nun ganz dem botanischen Studium zu, wobei ich in den letzten drei Semestern unter Leitung von Herrn Professor Dr. Ruhland vornehmlich mit biochemischen Arbeiten beschäftigt war.

Leipzig, den 3. Oktober 1927.

Walter Schumacher

Druck von Breitkopf & Härtel in Leipzig.